ゼロからはじめる

LINE WORKS

ラインワークス

基本&便利技

リンクアップ 著
IoTマーケティング株式会社 監修

技術評論社

CONTENTS

第 1 章 LINE WORKSの基本

第 2 章 コミュニケーションをする

第３章
ビデオ通話をする

第４章
グループを利用する

CONTENTS

第5章 予定やタスクを管理する

第6章 LINE WORKSを便利に使う

第7章 LINE WORKSを管理する

第8章 スマートフォンでLINE WORKSを利用する

第9章 疑問・困った解決 Q&A

CONTENTS

第1章

LINE WORKSの基本

Section 01

LINE WORKSとは

LINE WORKSは、LINEの使いやすさはそのままに、各機能をビジネスに特化させたコミュニケーションアプリです。各企業のセキュリティポリシー・運用に合わせて細かな設定ができるセキュリティ・管理機能を装備しています。

LINE WORKSはビジネス版のLINE

LINE WORKSは、一言でいえば「ビジネス版のLINE」です。LINEでおなじみのトークやスタンプ、通話などの基本機能はもちろん、掲示板やカレンダーなどのビジネスには欠かせない機能が揃っているため、仕事の効率アップが期待できます。
一般的なビジネスプラットフォームは多大な初期投資が必要になりますが、LINE WORKSは無料で始められるプランも用意されており（P.10参照）、申し込んだその日からすぐに利用が可能です。また、慣れ親しんでいるLINEのインターフェイスをそのままに利用できることから、使い方の説明や教育のコストなどを抑えられることも特徴です。
LINE WORKSは、企業／団体でアカウントを開設した管理者が、同じ組織のメンバーを招待することで利用できます。LINEはプライベートのアカウントとつながるため組織での管理はできませんが、LINE WORKSでは管理者による管理が可能となります。
また、LINEはアカウントが電話番号と紐付くために1端末に1アカウントしか利用できませんが、LINE WORKSは企業／団体ごとにアカウントを作成することが可能です。さらに、LINE WORKSではアプリをインストールしてログインすれば以前利用していた環境が復元できるため、引っ越し作業が不要で業務を止めることなく利用できます。

●LINE WORKSとLINEの違い

	LINE WORKS	LINE
管理者による管理	可	不可
アカウント	企業（業務や社内サークル）、団体（PTAや趣味の集まり）ごとに作成可	1端末に1アカウント
スマートフォン買い替え時のデータ引っ越し作業	不要	必要
提供会社	ワークスモバイルジャパン株式会社	LINE株式会社

LINE WORKSの主な機能

LINE WORKSには、トークや音声・ビデオ通話、掲示板、カレンダー、アンケートなどの機能が備わっています。また、ファイルの共有が行えるクラウドストレージのDrive機能、権限などの管理ができる機能も有料で利用可能です（P.11参照）。
なお、LINE WORKSにはパソコン版（デスクトップアプリ版、Webブラウザ版）とスマートフォンアプリ版があり、利用できる機能が異なります。本書では、基本的にパソコン版（デスクトップアプリ版）を使用して解説を進めます。

●トーク

LINEでおなじみのチャットやスタンプ機能のほか、効率的に仕事をするためのノートやタスク機能なども備わっており、チーム力がアップします。

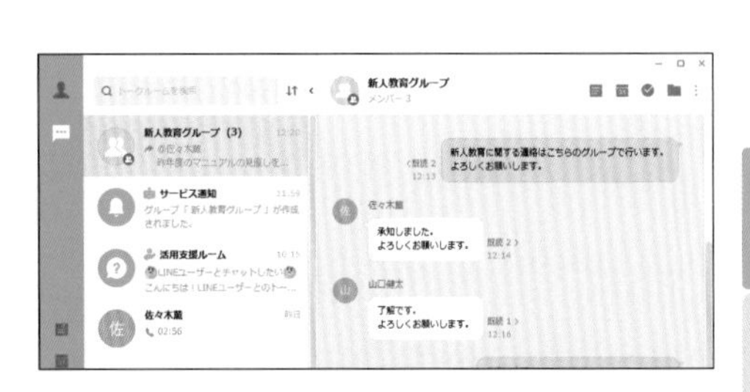

●音声通話・ビデオ通話

デスクトップアプリ版でほかのユーザーとの通話が可能です。ビデオ通話のバーチャル背景や翻訳／通訳の機能も備わっています。

●掲示板

トークが双方向のコミュニケーションであるのに対し、掲示板は迅速な全体共有に適しているほか、未読者への再通知もできます。

●カレンダー

自分のスケジュールはもちろん、社内メンバーのスケジュールもまとめて確認することが可能です。

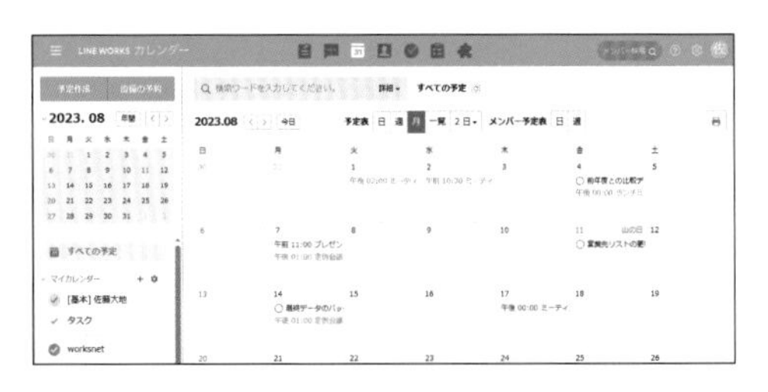

Section 02

LINE WORKSの料金プラン

LINE WORKSには、無料の「フリー」、有料の「スタンダード」「アドバンスト」の3つの料金プランが用意されています。それぞれプランの料金（2023年9月時点の税抜き価格）と利用できる機能について見ていきましょう。

3つの料金プラン

LINE WORKSには3つの料金プランが設けられています。
無料のフリープランは、初めてLINE WORKSを利用する、あるいは使い勝手を確認するためにスモールスタートさせたい場合、小規模・少人数の企業／団体におすすめです。トークや掲示板、カレンダーなど、ビジネスに必要な基本機能や一部の管理機能を30人（2023年10月5日以降）まで利用できます。本書では、基本的にフリープランでの使い方を解説しています。
月額540円のスタンダードプランは、必要な機能がすべて網羅されており、管理者機能やカスタマーサポートを利用できるため、選択に迷ったときに安心のプランです。オプションでDriveの利用やアドレス帳の拡張ができるほか、ユーザー数に制限がないため、企業／団体の成長に合わせて自由にカスタマイズが可能です。
月額960円のアドバンストプランは、LINE WORKSをグループウェアのように活用したいという企業／団体におすすめです。スタンダードプランの全機能に加え、標準でDriveが利用できるほか、容量やユーザー数を気にすることなく、メールもLINE WORKSに統合されています。また、データを最大10年間保存できるアーカイブ機能も標準で装備されているため、情報セキュリティ機能を強化しつつバックアップも万全で長期的に活用できます。

プラン		フリー	スタンダード	アドバンスト
利用料金（1ユーザー）	月額	0円	540円／月	960円／月
	年額		450円／月	800円／月

Memo 有料プランの決済方法

公式サイトからの申し込みの場合、有料プランの支払い方法はクレジットカードかLINE Payのみとなります。ほかの支払い方法を希望する場合は、「セールス&サポートパートナー」を利用しましょう（P.15Memo参照）。

各プランで利用できる機能

各プランでは、利用できる機能が少しずつ異なります。自社の規模や利用目的に合わせて、最適なプランを選択しましょう。

プラン	フリー	スタンダード	アドバンスト
メンバー上限数	30人まで※2	制限なし	制限なし
トーク	○	○	○
掲示板	10個まで	300個まで	300個まで
カレンダー	○	○	○
アンケート	○	○	○
アドレス帳	500件まで	10万件まで	10万件まで
タスク	○	○	○
音声／ビデオ通話	4人まで／最大60分	200人まで／制限なし	200人まで／制限なし
管理・セキュリティ機能	△※3	○	○
監査ログ	2週間（ダウンロード不可）	6ヶ月間（ダウンロード可能）	6ヶ月間（ダウンロード可能）
モニタリング	×	トーク	トーク、メール、Drive
サポート／SLA※1	△※4	○	○
共有ストレージ	合計5GB	基本容量1TB（＋1メンバーにつき1GB追加）	基本容量100TB（＋1メンバーにつき1GB追加）
メール	×	○	○※6
Drive	×	△※5	○※7
オプション追加	×	○	○

※1：「SLA」は各月の稼働率に応じて補償されるサービスの日数を意味し、トライアル期間中は対応していません。
※2：2023年10月5日より、フリープランのメンバー上限数が100人から30人へ変更となります。2023年10月4日以前からフリープランを開設している場合は、移行期間として10月1日を基点として1年間（2024年9月30日まで）は変更なく利用可能です。31人以上でフリープランを利用している場合は、2024年9月30日までにユーザー数を30人以下に減らす、または有料プランへのへのアップグレードを行う必要があります。いずれも行わなかった場合、サービスの利用が不可となります。
※3：利用できる機能が制限されています。詳細はLINE WORKSの公式サイトを参照してください。
※4：フリープランにSLA対応はありませんが、30日間の電話サポートが利用できます。
※5：オプションで対応可能です。
※6：メールの容量は共有ストレージを消費せず、無制限となっています。
※7：Driveの容量は共有ストレージを消費します。容量はオプションで拡張が可能です。

Section 03

LINE WORKSの利用を開始する

自分が管理者となってLINE WORKSの利用を開始するときは、LINE WORKSの公式サイトまたはセールス&サポートパートナー（P.15Memo参照）からアカウントを作成します。ここでは、公式サイトからの操作方法を説明します。

LINE WORKSの利用を開始する

1 WebブラウザでLINE WORKSの公式サイト（https://line.worksmobile.com/jp）にアクセスし、画面右上の［今すぐはじめる］をクリックします。

2 ここでは自分が管理者としてLINE WORKSを開設するため、［管理者としてはじめる］をクリックします。

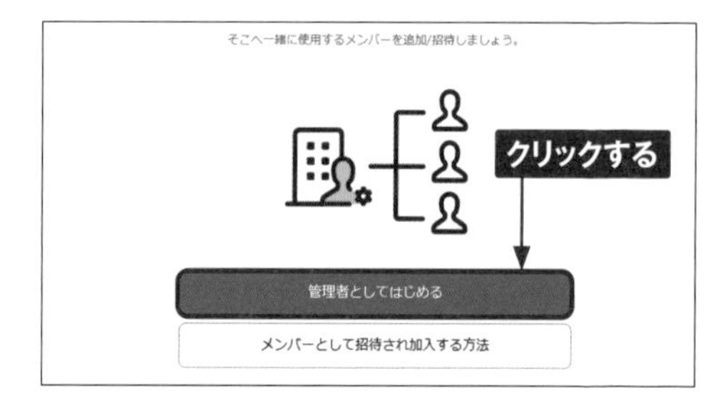

3 「業種」「従業員数」「都道府県」を選択し、［次へ］をクリックします。

①選択する
②クリックする

業種
情報通信・IT・コンサル
従業員数
2〜10名
都道府県
東京都
次へ

［次へ］をクリックすると、「LINE WORKS利用規約」および「プライバシーポリシー」、reCAPTCHAに関する「GOOGLE プライバシー ポリシー」および「GOOGLE 利用規約」に同意したものとみなされます。

4 「企業／団体名」を入力し、［次へ］をクリックします。

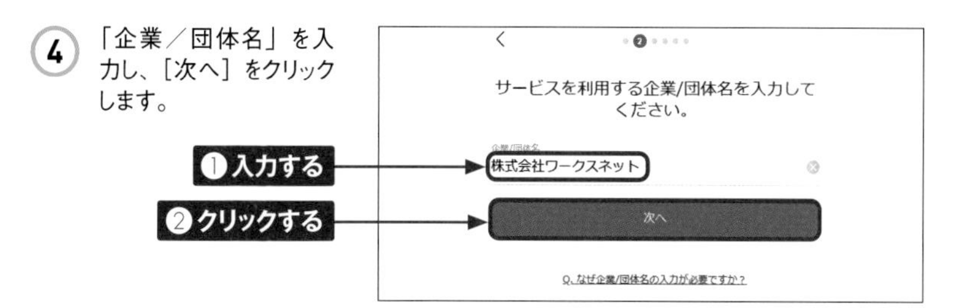

5 「姓」と「名」を入力し、［次へ］をクリックします。

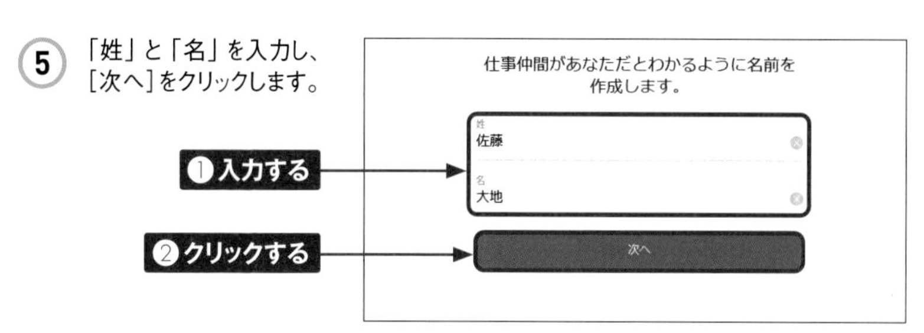

6 ログインに使用する情報を設定します。電話番号を登録することも可能ですが、ここではメールアドレスを登録するので［別の方法で新規開設］をクリックします。

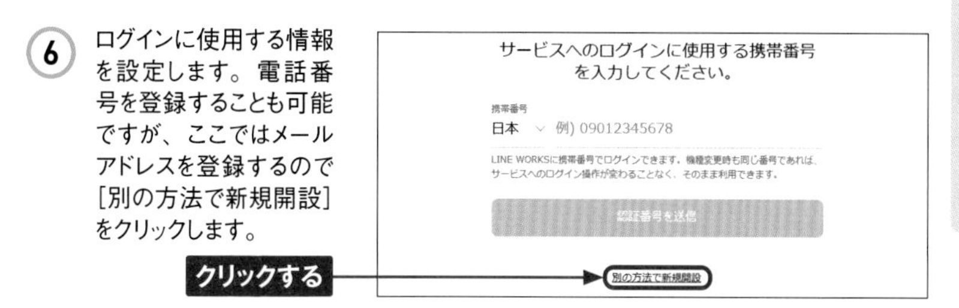

Memo **電話番号で利用を開始する**

電話番号で利用を申し込む場合は、手順6の画面で電話番号を入力し、［認証番号を送信］をクリックして、届いたSMSの認証番号を入力します。次の画面でアカウント情報を忘れた場合の確認用としてメールアドレスを入力し、［完了］をクリックすると、P.15手順10の画面に進みます。なお、電話番号で利用を申し込む場合、ログインやセキュリティに必要なパスワードが未登録の状態になります。登録を行うために、Webブラウザ版のLINE WORKS（P.15手順12参照）で画面右上のプロフィールアイコンをクリックし、［セキュリティ］をクリックして、「ログイン情報」の「パスワード」から［パスワード変更］をクリックします。「ログイン情報」の「ID」に記載されている「@」より前の文字列を入力し、使用したいパスワードを2回入力して、［変更する］→［確認］の順にクリックすると、パスワードが登録されます。

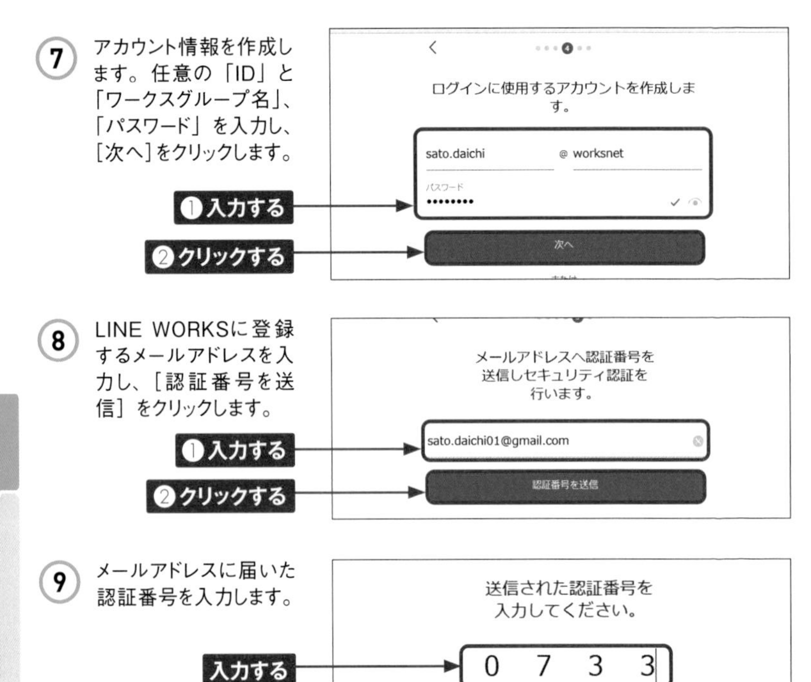

7. アカウント情報を作成します。任意の「ID」と「ワークスグループ名」、「パスワード」を入力し、[次へ]をクリックします。

8. LINE WORKSに登録するメールアドレスを入力し、[認証番号を送信]をクリックします。

9. メールアドレスに届いた認証番号を入力します。

Memo アカウント情報の入力について

手順⑦の各項目の内容は以下の通りです。P.13手順⑥で電話番号を使って登録を行った場合（P.13Memo参照）、IDには個人名、ワークスグループ名には企業／団体名をもとにした文字列が自動で付与されます。IDとワークスグループ名を合わせた「ID@ワークスグループ名」の文字列はユーザー1人1人異なり、LINE WORKS上で「LINE WORKS ID」や「トークID」と表記されます（「LINE WORKS ID」と「トークID」は基本的には同じですが、異なる設定をしているユーザーもいます）。

ID	LINE WORKSを利用する個人名や企業名などの情報。2～40文字の半角英小文字、数字、特殊記号（.）（-）（_）の組み合わせ。
ワークスグループ名	LINE WORKSを利用するグループ名。所属するメンバー全員に共通するドメインのようなもの。登録済みのグループ名、他社が使用しているグループ名は使用不可。
パスワード	ログインパスワード。8～20字の半角英数字、または半角英数字＋特殊文字。

10 いずれかの開設目的をクリックしてチェックを付け、[OK] をクリックします。

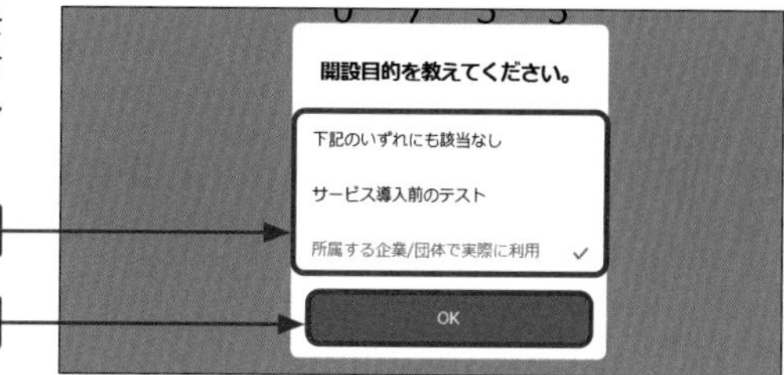

11 登録が完了し、企業／団体で使用する「ワークスグループ名」が作成されます。登録に続いてメンバーを追加する場合は、メンバーのメールアドレスを入力し、[招待メールを送る] をクリックします。本書ではあとからメンバーを追加するため(P.19～23参照)、画面下部の [サービスをはじめる] をクリックします。

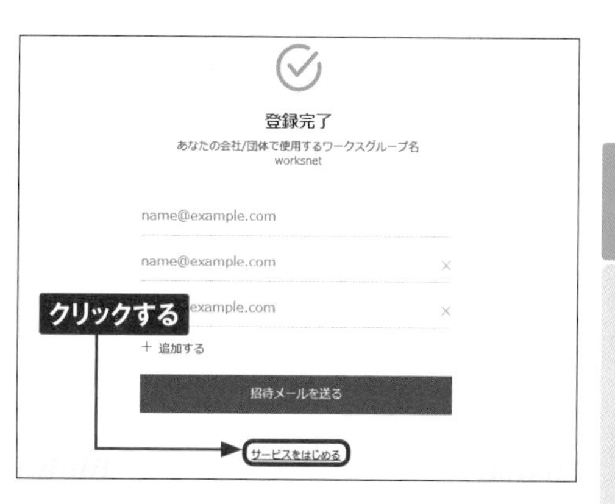

12 Webブラウザ版のLINE WORKSが表示されます。

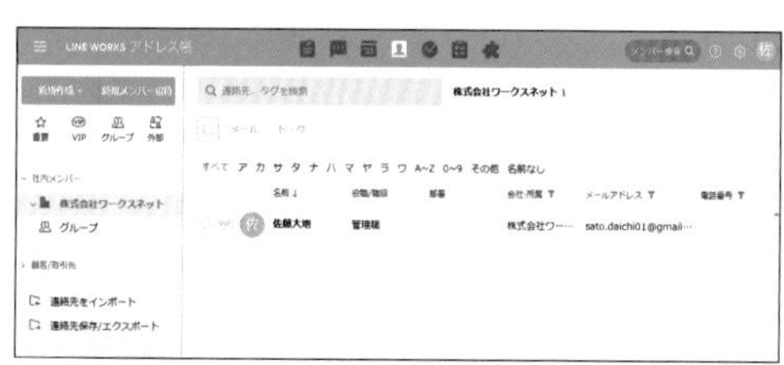

Memo セールス&サポートパートナーから利用を申し込む

将来的に有料プランに切り替えたり、長期的な利用を検討したりしている場合は、導入から運用までのあらゆるサポートを行ってくれるLINE WORKS認定の「セールス&サポートパートナー」から利用を申し込んでもよいでしょう。セールス&サポートパートナーによりますが、有料プランでも初月無料、請求書払いが可能（公式サイトでの支払い方法はクレジットカードかLINE Payのみ）などといったメリットがあります。公式サイト（https://line.worksmobile.com/jp/partner/sales-partner/）から申し込み条件などの詳細を確認し、自社に適切なパートナーを選んでください。

Section 04

チーム（組織）とは

企業／団体で定められているチーム（組織）をLINE WORKS内に作成し、その中にメンバーを所属させることができます。組織ごとに従業員をまとめることで、管理が行いやすくなったり、コミュニケーションが円滑になったりするメリットがあります。

チーム（組織）とは

企業／団体で「営業部」や「経理部」などといった複数の組織が存在する場合、LINE WORKS内に自社に合わせたチーム（組織）を作成し、メンバーを所属させて運用しましょう。チームの作成や管理方法はP.138 ～ 141を参照してください。なお、チームの管理は管理権限を持つユーザーのみが行えます。チームの作成数に制限はありません（1つのチームに作成できる階層は9つまで）。
組織が存在しないような小規模な団体などの場合、チームを作成せずにメンバーを登録することも可能です。自社の規模や組織情報に合わせてチームの作成を検討してみましょう。
また、LINE WORKSでは、メンバーを振り分ける機能として「チーム」と「グループ」が用意されていますが、それぞれ特性や管理方法が異なります。詳細はP.68を参照してください。

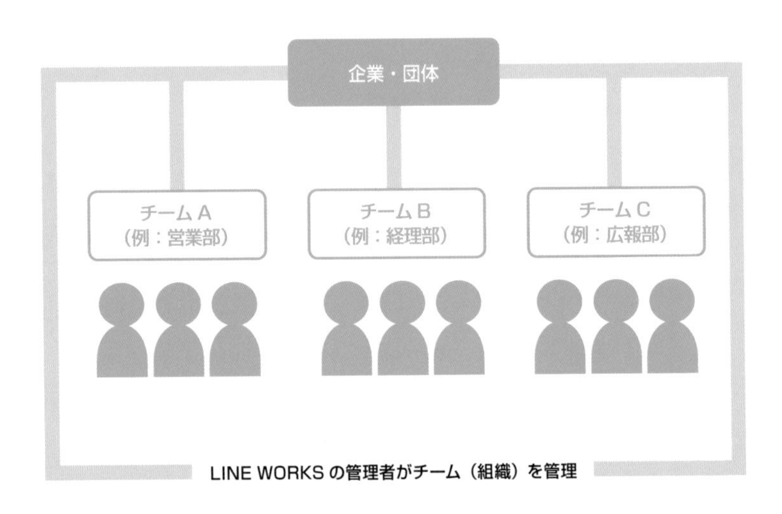

チーム（組織）作成のメリット

チームを作成すると、LINE WORKSの管理者画面やアドレス帳で組織図が構成されます。組織図表示になることでメンバーを所属組織ごとに確認できるため、管理が効率的に行えるほか、組織単位でのコミュニケーションが取りやすくなります。また、利用できる機能を制限することも可能です。チームの作成時にはそのチームのメンバーだけの「チームトークルーム」が自動で作成され、通常のトークルームにはない「ノート」「予定」「タスク」「フォルダ」といった、チーム内の情報を共有するために便利な機能の利用ができるようになります。

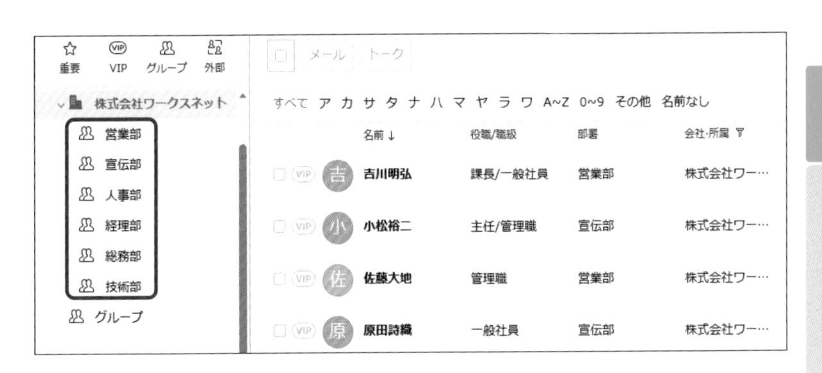

役職／職級とは

チームに所属するメンバーには、「役職」や「職級」を設定することもできます（P.142～143参照）。これらを設定すると組織図に反映されるため、メンバーの検索性も高まります。

「役職」は職務上の責任の単位のことで、デフォルトでは「社長」「取締役」「部長」「課長」「係長」「社員」が登録されています。「職級」は部署ごとのレベルのことで、デフォルトでは「役員」「管理職」「一般社員」「アルバイト·パート」が登録されています。また、必要に応じて企業／団体で決められている役職や職級を追加することも可能です。

メンバー A

組織：営業部
役職：部長
職級：管理職

メンバー B

組織：経理部
役職：社員
職級：一般社員

メンバー C

組織：広報部
役職：社員
職級：一般社員

Section 05

LINE WORKSにメンバーを追加する／参加する

LINE WORKSの開設が完了したら、社内のメンバーを追加し、参加してもらいましょう。ここでは、2通りの追加／参加の方法を説明します。なお、必要であればP.138～139を参考にメンバー追加前にチーム（組織）を作成しておきましょう。

メンバーを追加する／参加する方法

LINE WORKSを利用するためには、自身が管理者になってほかのユーザーをメンバーとして招待するか、企業／団体が作成したLINE WORKSにメンバーとして参加する必要があります。ここでは、LINE WORKSに社内メンバーとして参加する方法を説明します。なお、招待された方法によって参加の手順は異なります。

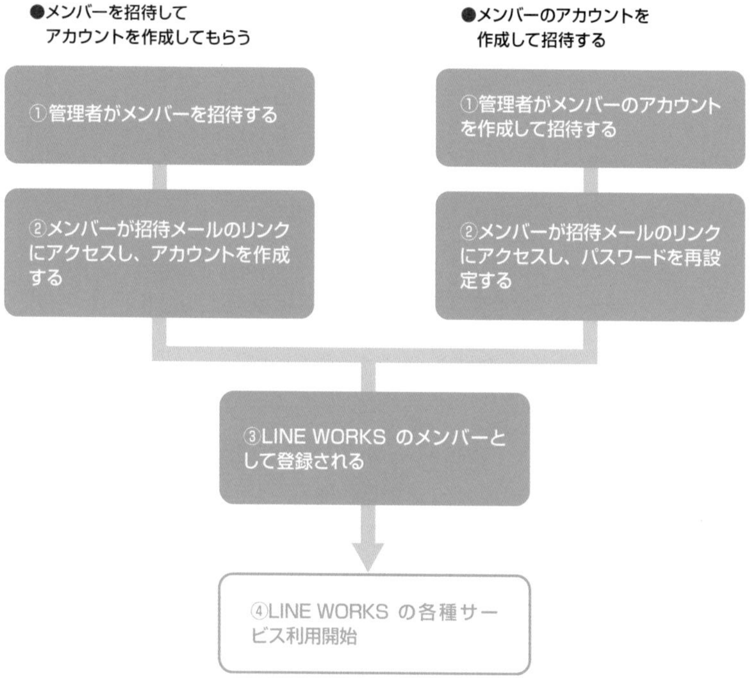

●メンバーを招待してアカウントを作成してもらう

①管理者がメンバーを招待する

②メンバーが招待メールのリンクにアクセスし、アカウントを作成する

●メンバーのアカウントを作成して招待する

①管理者がメンバーのアカウントを作成して招待する

②メンバーが招待メールのリンクにアクセスし、パスワードを再設定する

③LINE WORKS のメンバーとして登録される

④LINE WORKS の各種サービス利用開始

メンバーを招待してアカウントを作成してもらう

① Webブラウザ版のLINE WORKS（P.15手順⑫参照）で画面右上のプロフィールアイコンをクリックし、［新規メンバー招待］をクリックします。

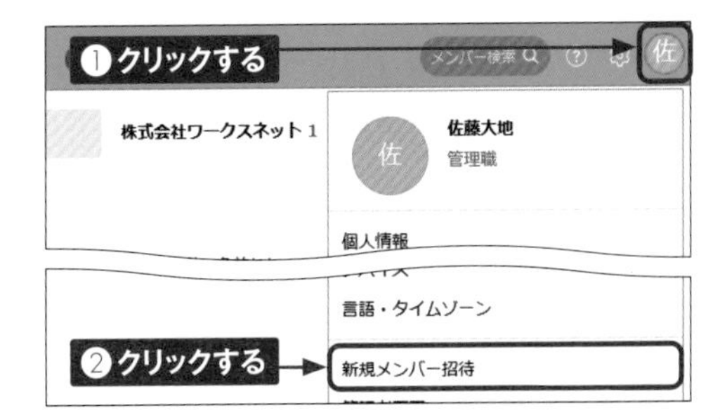

② 「メンバーを招待」の入力欄に招待したいメンバーのメールアドレスを入力し、［招待メールを送る］→［OK］の順にクリックします。

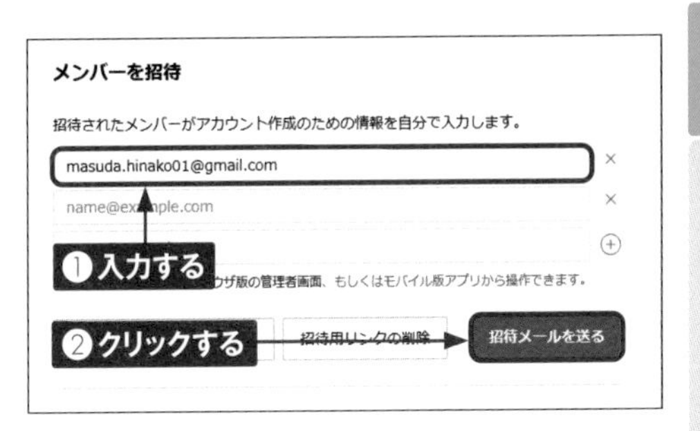

③ 招待されたメンバーは受け取ったメールを表示し、［入会する］をクリックします。

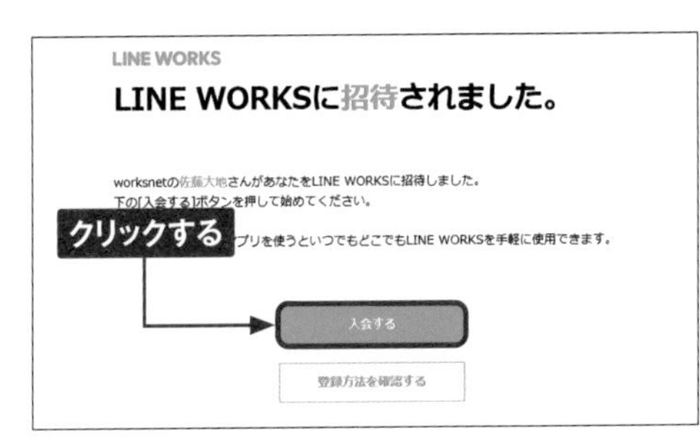

④ Webブラウザが起動するので、［加入する］をクリックします。

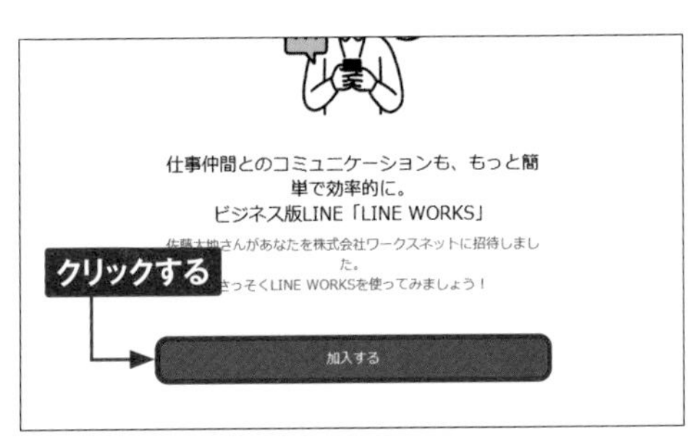

5 「姓」と「名」を入力し、[次へ]をクリックします。

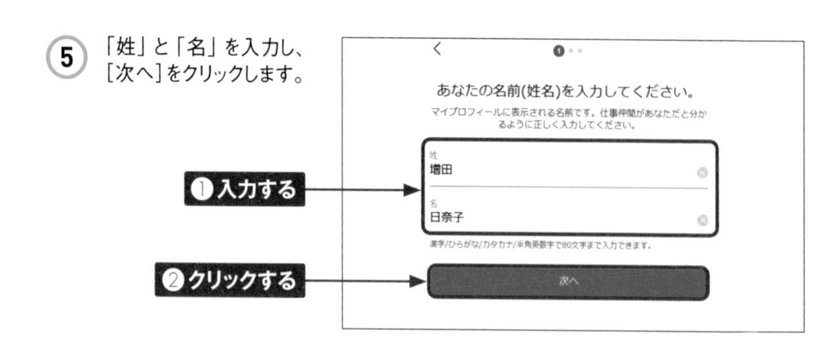

6 ログインに使用する情報を設定します。電話番号を登録することも可能ですが、ここでは［ID／パスワードで加入する］をクリックします。

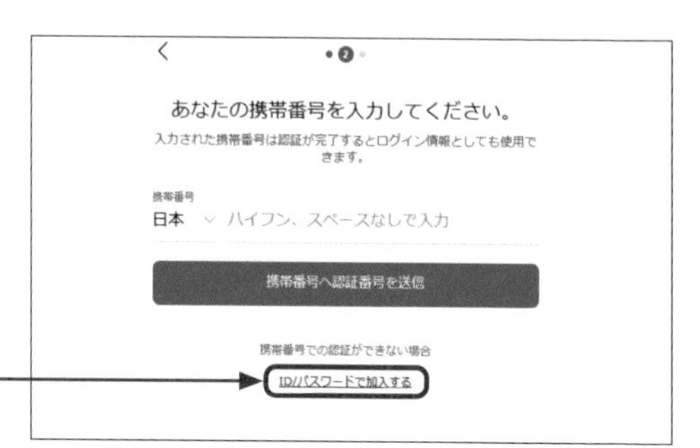

7 任意の「ID」と「パスワード」を入力し、[入力完了]をクリックします。

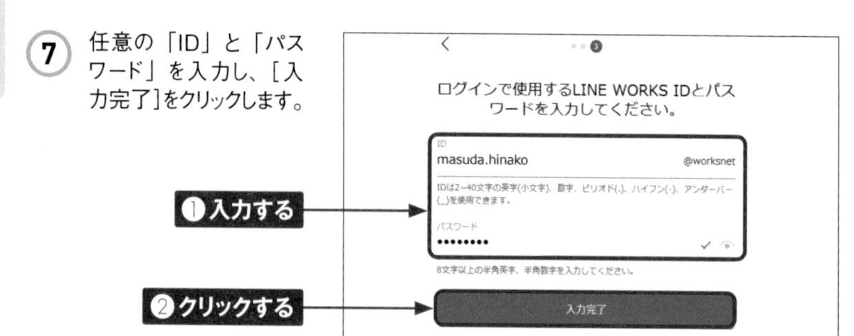

8 登録が完了します。[LINE WORKSを始める］をクリックすると、Webブラウザ版のLINE WORKSが表示されます。

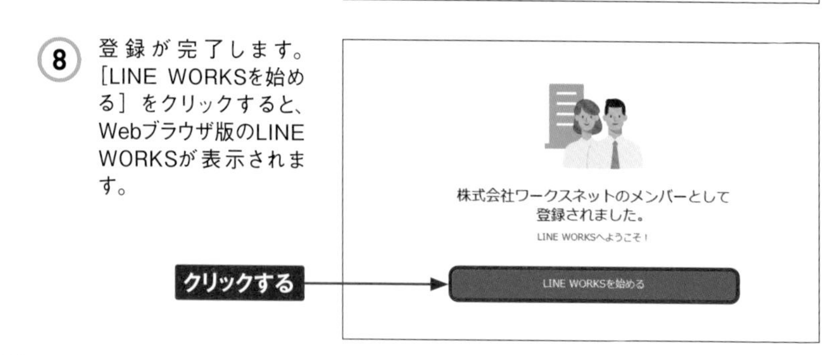

メンバーのアカウントを作成して招待する

1 P.19手順②の画面で「メンバーを追加」の［メンバーのアカウントを作成する］をクリックします。

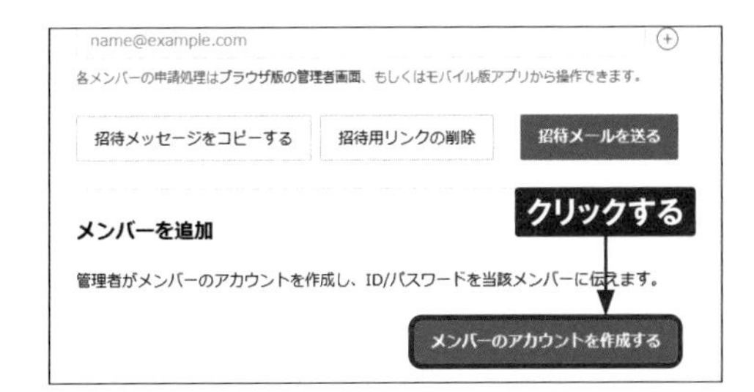

2 画面右上の［メンバーの追加］をクリックします。

3 メンバーの「姓」と「名」、「ID」などを入力し、「パスワード」の設定方法を選択します。ここではメンバーの詳細情報の設定もできるので、［すべての項目を表示］をクリックします。

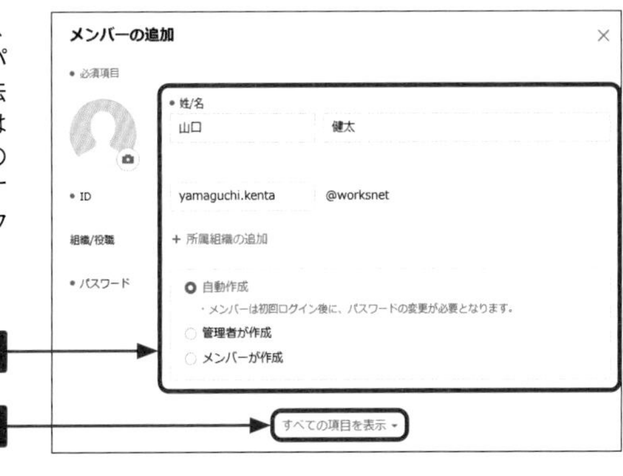

Memo パスワードの設定方法

手順③の「パスワード」の設定方法には、「自動作成」「管理者が作成」「メンバーが作成」の3つがあります。「自動作成」と「管理者が作成」を選択した場合は、初期パスワードをメンバーに伝達し、認証後メンバー自身にパスワードを作成してもらいます。「メンバーが作成」を選択した場合は、最初からメンバー自身にパスワードを作成してもらいます。

4 任意で「利用権限タイプ」や「職級」、「組織／役職」（P.17参照）など、各項目の設定·入力を行い、［追加］をクリックします。なお、メンバーの詳細情報はあとから修正が可能です（P.142参照）。

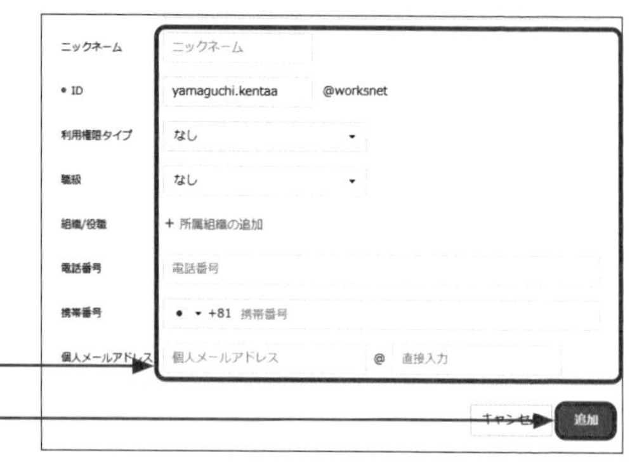

5 メンバーの追加が完了します。「名前」「ID」「パスワード」を任意の方法でメンバーに共有します。ここでは［メール送信］をクリックします。

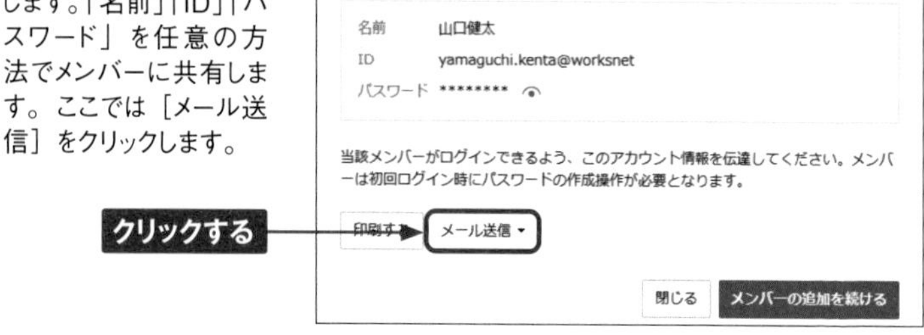

6 招待したいメンバーのメールアドレスを入力し、［送信］をクリックすると、「名前」「ID」「パスワード」が記載された招待メールが送信されます。

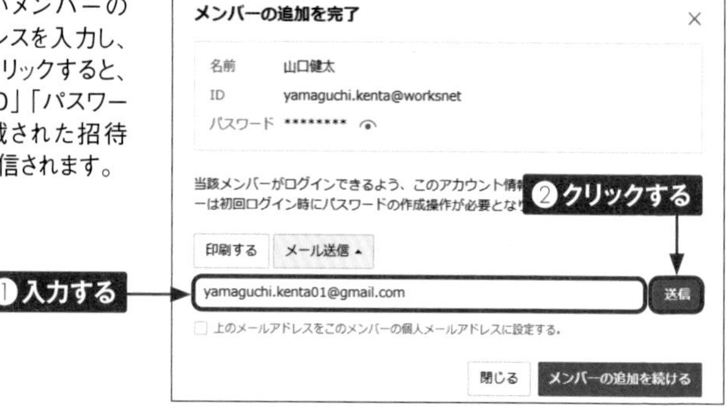

Memo メンバーを一括登録する

ここではメンバーを少人数ずつ追加する方法を説明しましたが、Excelの指定フォーマットを利用することで、数十人以上のメンバーの一括登録もできます。詳しい操作方法は、P.132～135を参照してください。

7 招待されたメンバーは受け取ったメールを表示し、[サービスを開始する]をクリックします。

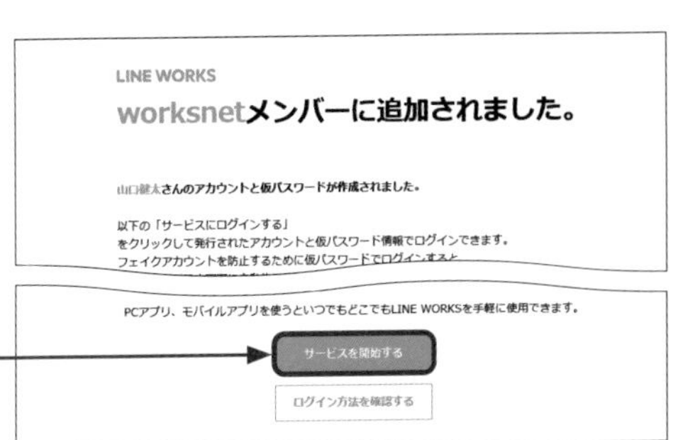

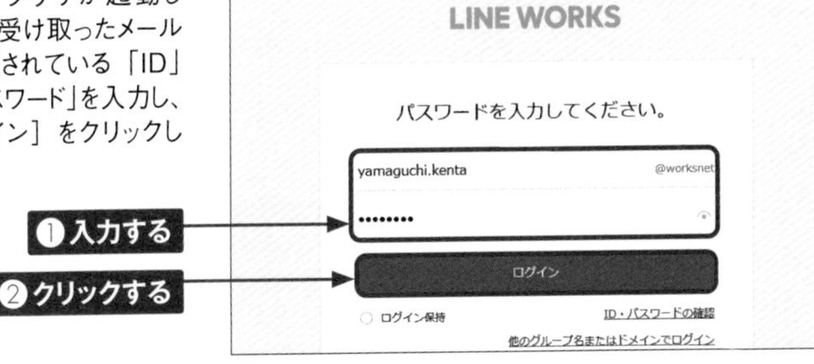

8 Webブラウザが起動します。受け取ったメールに記載されている「ID」と「パスワード」を入力し、[ログイン]をクリックします。

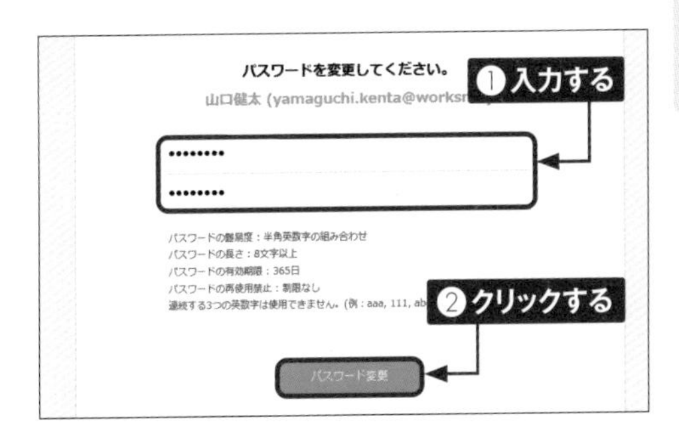

9 認証が完了します。管理者がパスワードの設定方法を「自動作成」「管理者が作成」に設定している場合、メンバーが新しいパスワードを設定する必要があります（P.21Memo参照）。任意のパスワードを入力し、[パスワード変更]をクリックします。

10 必要であれば携帯電話の電話番号の認証を行います。不要であれば[キャンセル]をクリックすると、Webブラウザ版 のLINE WORKSが表示されます。

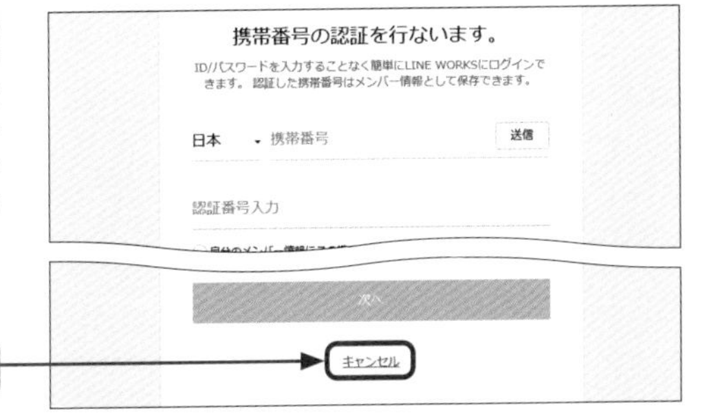

第1章 LINE WORKSの基本

Section 06

デスクトップアプリ版「LINE WORKS」をインストールする

LINE WORKSをパソコンで利用する際は、デスクトップアプリ版が必須です。デスクトップアプリ版からはトーク、通話、画面共有などの機能が利用でき、その他の機能もデスクトップアプリ版からWebブラウザ版への切り替えが可能です。

デスクトップアプリ版「LINE WORKS」をインストールする

1 Webブラウザでデスクトップアプリ版のダウンロードページ（https://line.worksmobile.com/jp/download/）にアクセスし、パソコンに合わせて［64bitダウンロードページ］か［32bitダウンロード］のどちらかをクリックして、ダウンロードしたファイルを実行します。

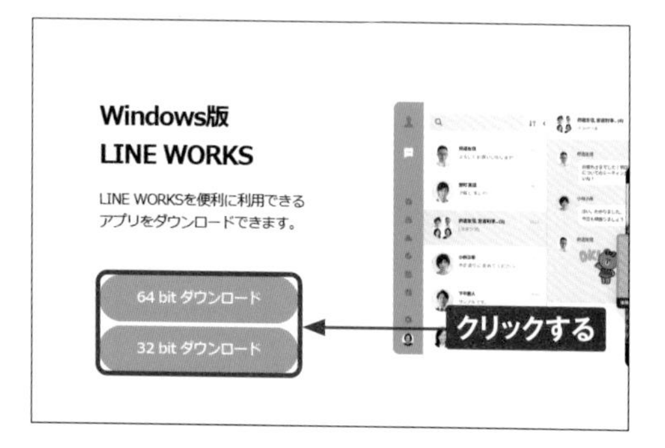

2 インストーラーが起動します。［次へ］をクリックします。

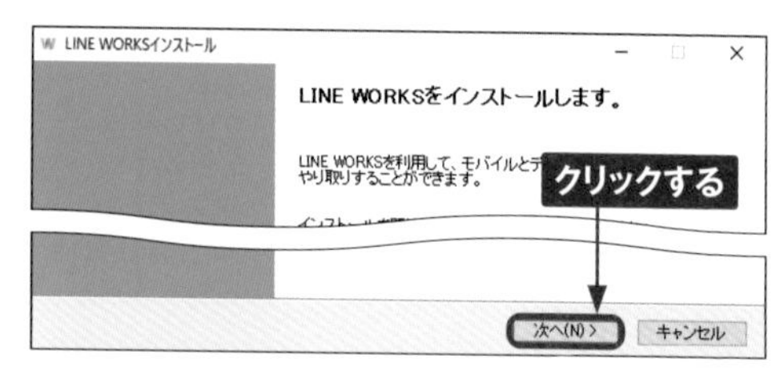

3 ［インストール］をクリックすると、自動でインストールが開始されます。「LINE WORKSのインストールを完了しました。」画面が表示されたら、［完了］をクリックします。

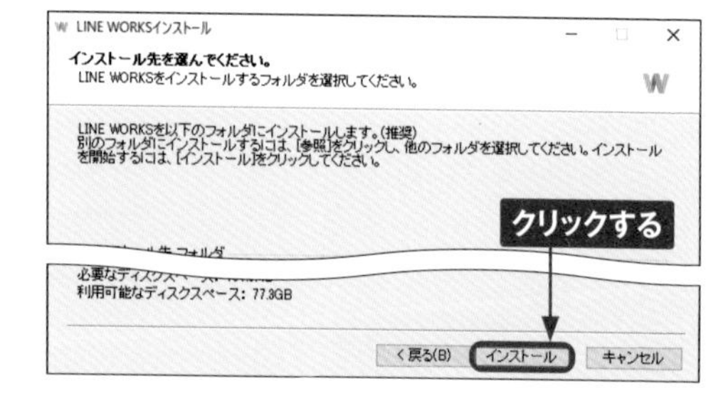

4 デスクトップアプリ版のLINE WORKSが起動し、ログイン画面が表示されます。P.14手順⑦やP.20手順⑦で作成した（またはP.23手順⑦に記載された）LINE WORKS ID（ID@ワークスグループ名）を入力し、[開始する] をクリックします。

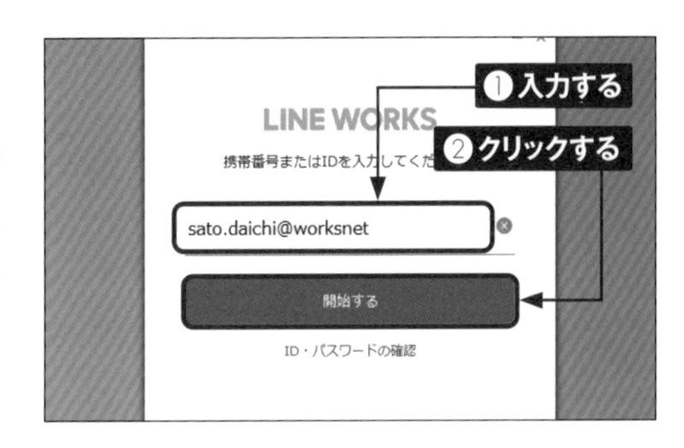

5 P.14手順⑦、P.20手順⑦、P.23手順⑨で登録したパスワードを入力し、[ログイン] をクリックします。

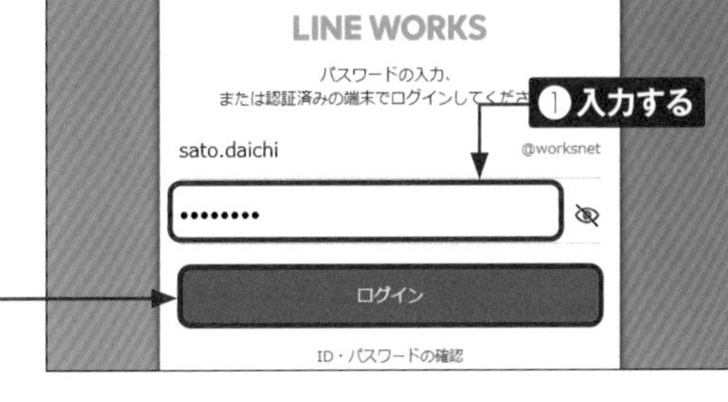

6 デスクトップアプリ版のLINE WORKSが表示されます。以降はパスワードの入力だけでログインが可能になります。

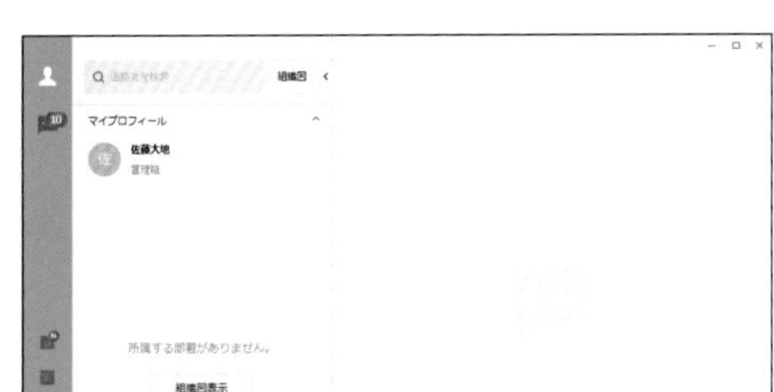

Memo 電話番号でログインする

電話番号でLINE WORKSに登録した場合、手順④の画面で登録に使用した電話番号（P.13 Memo参照）を入力することでもログインが可能です。ただし、電話番号でのログインはスマートフォンアプリ版の「LINE WORKS」でサービス通知から認証番号を受け取る必要があります。スマートフォンアプリ版を利用していない場合は、[SMSで受信する] をクリックし、認証番号をSMSで受け取りましょう。

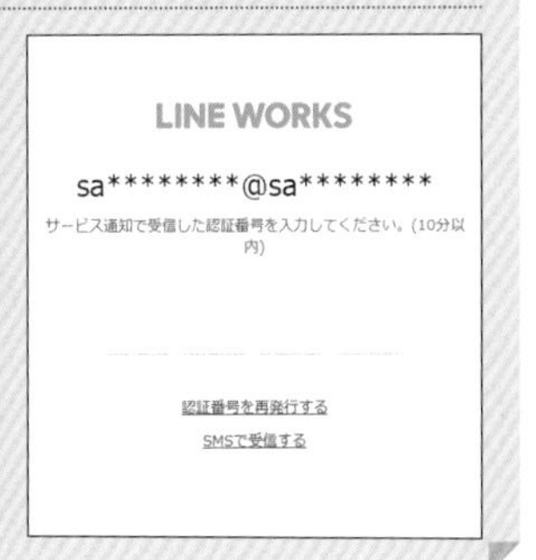

Section 07

パソコン版「LINE WORKS」の画面の見方

ここでは、パソコン版の「LINE WORKS」の画面の見方を説明します。基本的にはデスクトップアプリ版を使い、利用できない一部の機能はWebブラウザ版から利用するといった、使い分けが必要となります。

デスクトップアプリ版「LINE WORKS」の画面

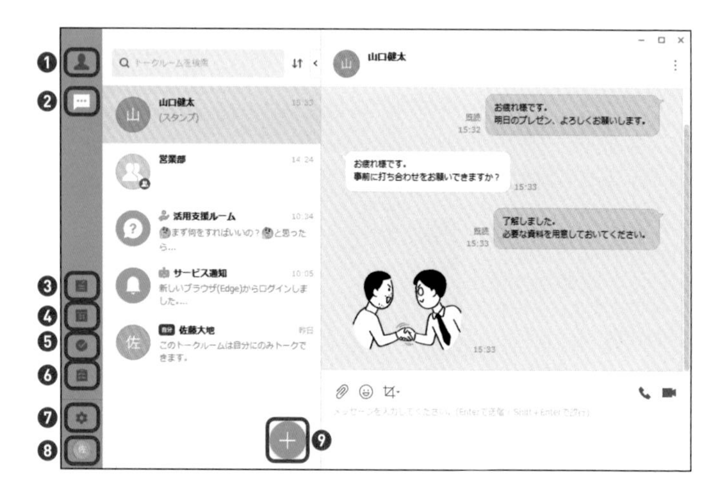

❶	マイプロフィール、連絡先などの「アドレス帳」が表示されます。
❷	メンバーやグループとの「トーク」が表示されます。
❸	Webブラウザ版に遷移し、「掲示板」が表示されます。
❹	Webブラウザ版に遷移し、「カレンダー」が表示されます。
❺	Webブラウザ版に遷移し、「タスク」が表示されます。
❻	Webブラウザ版に遷移し、「アンケート」が表示されます。
❼	環境設定やヘルプセンターなどのメニューが表示されます。
❽	通知設定や管理者画面などのメニューが表示されます。
❾	新規のトークルームやビデオ通話ミーティングを作成できます。

Webブラウザ版「LINE WORKS」の画面

❶	画面左のメニューを縮小します。
❷	新しいタブが開き、「掲示板」が表示されます。
❸	メンバーやグループとの「トーク」が表示されます。
❹	新しいタブが開き、「カレンダー」が表示されます。
❺	新しいタブが開き、「アドレス帳」が表示されます。
❻	新しいタブが開き、「タスク」が表示されます。
❼	新しいタブが開き、「アンケート」が表示されます。
❽	メンバーを検索できます。
❾	ヘルプセンターやコミュニティーなどのメニューが表示されます。
❿	環境設定、通知設定、管理者画面などのメニューが表示されます。
⓫	LINE WORKSに関するさまざまなメニューが表示されます。

Memo Webブラウザ版「LINE WORKS」にログインする

Webブラウザ版「LINE WORKS」にログインするには、LINE WORKSの公式サイトにアクセスし（https://line.worksmobile.com/jp/）、画面右上の［ログイン］をクリックします。IDとパスワードを入力し、［ログイン］をクリックすると、Webブラウザ版「LINE WORKS」が起動します。

Section 08

マイプロフィールを設定する

マイプロフィールでは、同じ企業／団体内の他メンバーや外部ユーザーが閲覧可能な写真、ニックネーム、電話番号、勤務先、担当業務などの情報を入力できます。マイプロフィールはWebブラウザ版から設定や修正を行います。

マイプロフィールを設定する

1. Webブラウザ版「LINE WORKS」を起動し、画面右上の⚙をクリックして、[環境設定] をクリックします。

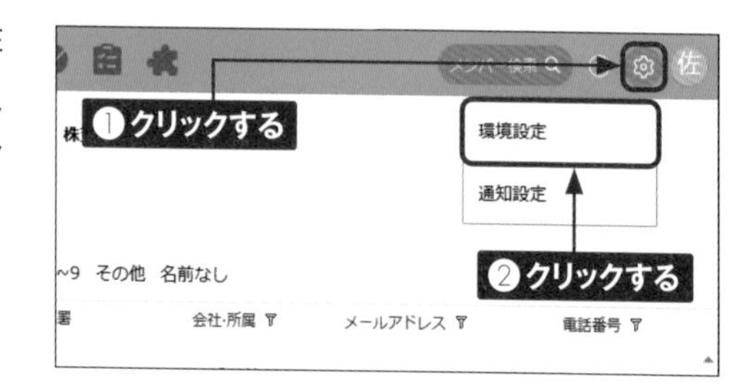

2. 画面左のメニューから [個人情報] をクリックします。

環境設定
個人情報
セキュリティ
通知
掲示板
トーク
カレンダー
顧客/取引先タグの管理
全社共用タグ
社内メンバーと共通で使用するタグを設定します。
クリックする

Memo マイプロフィールの設定

マイプロフィールでは、必要に応じて情報を設定することで、企業／団体に所属するメンバーや外部ユーザーに伝えることができます。また、アカウントにログインする際のパスワードを忘れてしまった場合、マイプロフィールに登録されている携帯番号もしくはメールアドレスを利用して再発行できます。重要な情報になるので、登録に間違いがないかしっかりと確認しておきましょう。なお、デスクトップアプリ版では写真の変更など、一部の情報の修正しかできません。

3 ［マイプロフィール］をクリックします。

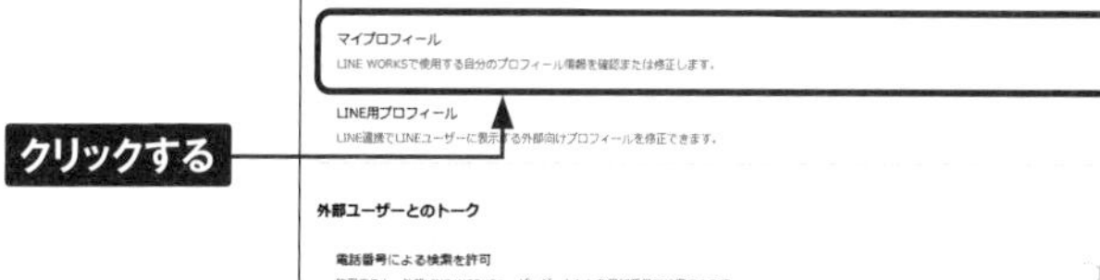

4 マイプロフィールに設定する情報を入力し、［保存］をクリックします。

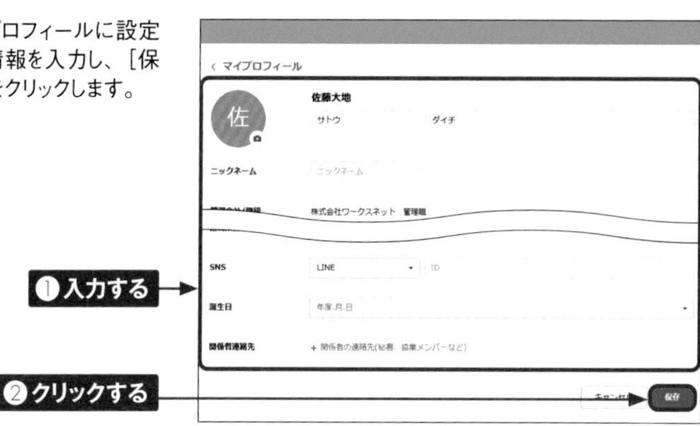

5 変更はすぐに反映されます。デスクトップアプリ版「LINE WORKS」を起動し、画面左上の 👤→「マイプロフィール」のアイコンの順にクリックすると、マイプロフィールが表示され、内容を確認できます。

Memo **マイプロフィールに設定できる項目**

マイプロフィールに設定できる情報は以下の通りです。

・プロフィール写真	・携帯番号	・SNSのID（1つ）
・姓名	・個人メールアドレス	・誕生日
・ニックネーム	・勤務先	・関係者連絡先
・電話番号	・担当業務	

Section 09

活用支援ルーム／サービス通知とは

LINE WORKSでは、全ユーザーに表示される共通のトークルームがあります。「活用支援ルーム」にはLINE WORKSの操作や活用方法、「サービス通知」にはチームやグループに関するお知らせやログイン情報などが通知されます。

全ユーザーに共通するトークルーム

●活用支援ルーム

LINE WORKSのアカウント登録完了後、トークリストに「活用支援ルーム」が表示されます。ここでは、LINE WORKSの基本的な操作方法や活用方法を紹介する内容が通知されます。

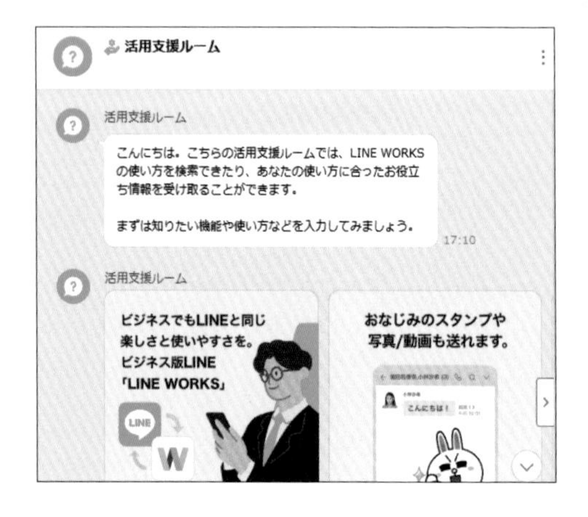

●サービス通知

LINE WORKSのサービスに関するお知らせが発生した際、トークリストに「サービス通知」が表示されます。ここでは、設定の変更、チーム／グループの作成や削除、予定への招待、ログイン情報など、さまざまなお知らせの内容が通知されます。

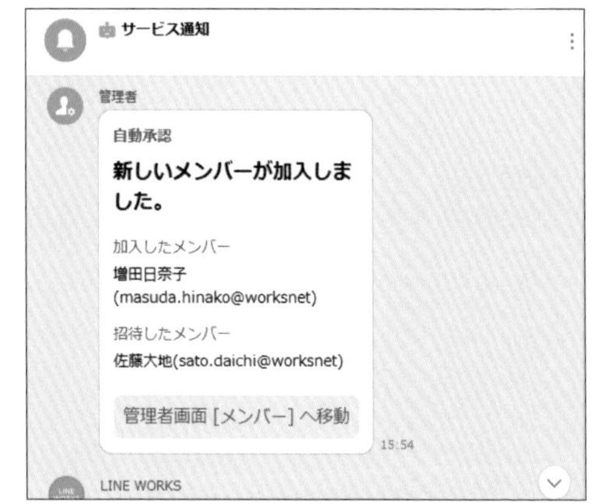

第2章

コミュニケーションをする

Section 10

メッセージを送信する

LINE WORKSでは、「トーク」機能でメッセージのやり取りができます。トークは1対1や複数人、グループなど、ビジネスシーンに合わせて自由に設定が可能です。ここでは、通常のトークルームを作成し、メッセージを送信する方法を説明します。

トークルームを作成する

1 ここでは1対1のトークルームを作成します。「LINE WORKS」アプリで、画面左のメニューからをクリックします。

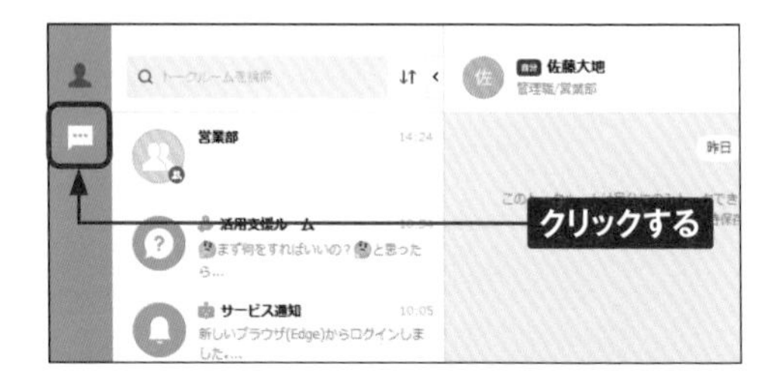

2 画面下のをクリックし、［社内メンバーとトーク］をクリックします。

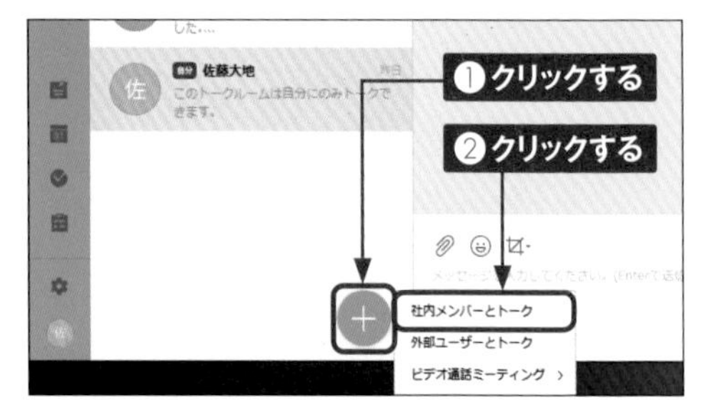

Memo 複数人のトークルーム作成も可能

複数人でのトークルームを作成するには、P.33手順④の画面でメンバーを2人以上選択し、トークルーム名を決めます。複数人のトークルームでは、ルームアイコンがメンバーの名前やプロフィール写真で分割されたものになります。

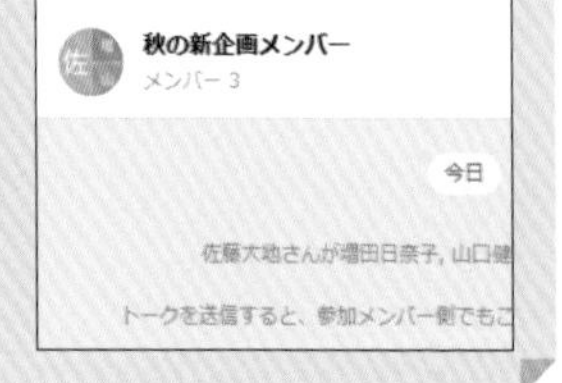

3 メンバーを選択するウィンドウが表示されます。「組織図」から企業／団体名をクリックし、必要に応じてチーム（組織）をクリックします。

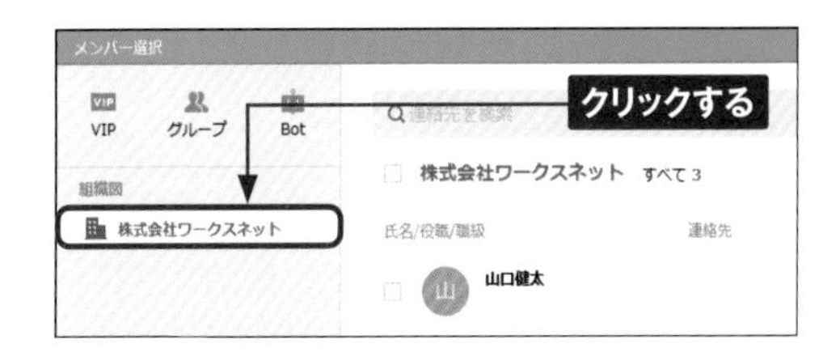

4 トークしたい相手の名前のチェックボックスをクリックしてチェックを付け、［OK］をクリックします。

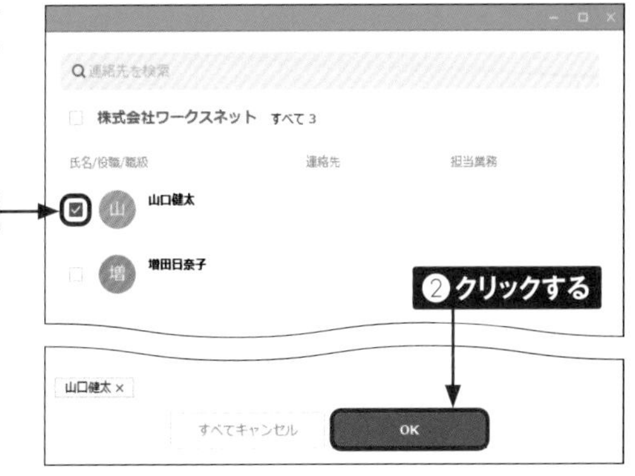

5 1対1のトークルームが作成され、相手の名前がトークルームリストに表示されます。

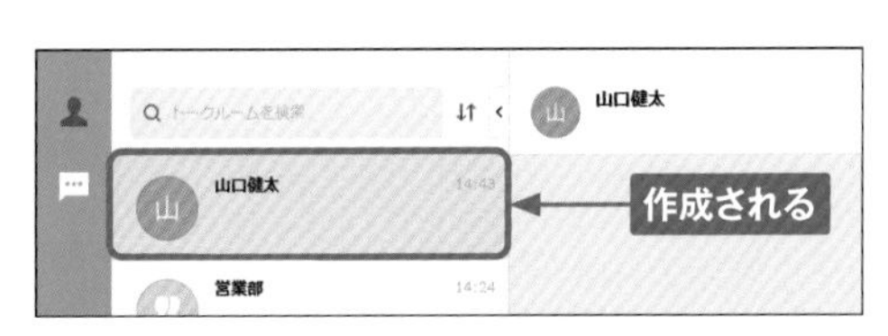

Memo 通常のトークルームと複数人・グループのトークルームの違い

「トーク」機能では、通常のトークルームのほかに、複数人またはグループのトークルームを作成することも可能です。通常のトークと複数人・グループのトークではルームアイコンが異なるほか、複数人・グループでは「予定」「フォルダ」「ノート」「タスク」の機能が利用できるようになります。目的や用途に応じて、通常のトークルームと複数人・グループのトークルームを使い分けましょう。グループの作成方法は、P.69を参照してください。

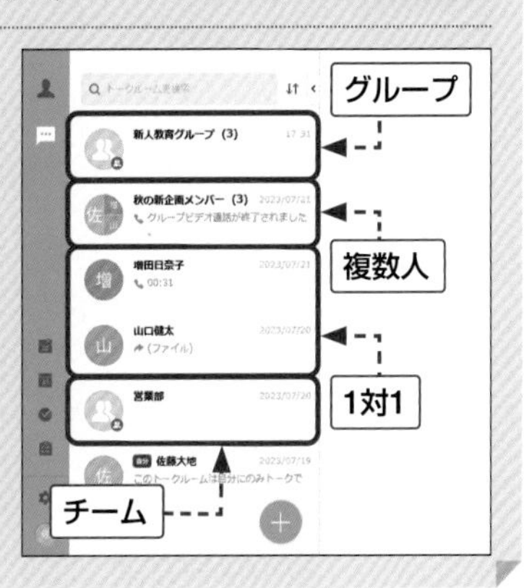

メッセージを送信する

① 画面左のトークリストから、メッセージを送りたいトークルームをクリックします。

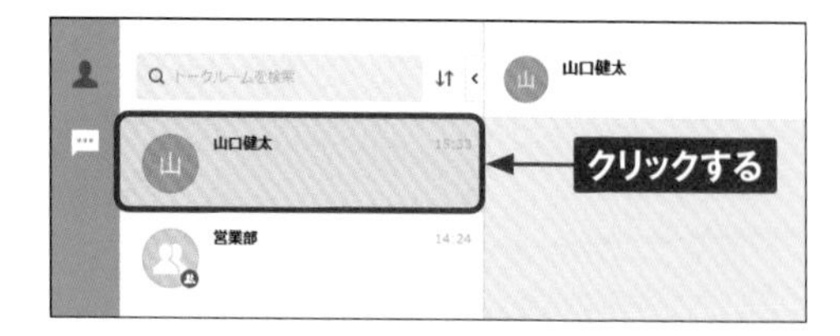

② 画面下部のメッセージ入力欄にメッセージの内容を入力し、Enterを押します。

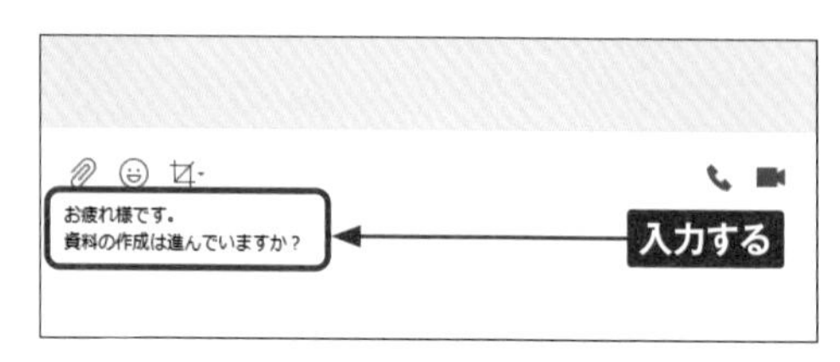

③ メッセージが送信されると、青い吹き出しで画面右側に表示されます。相手がメッセージを読むと吹き出しの左に「既読」と表示されます。なお、ほかのメンバーからのメッセージは、白い吹き出しで画面左側に表示されます。

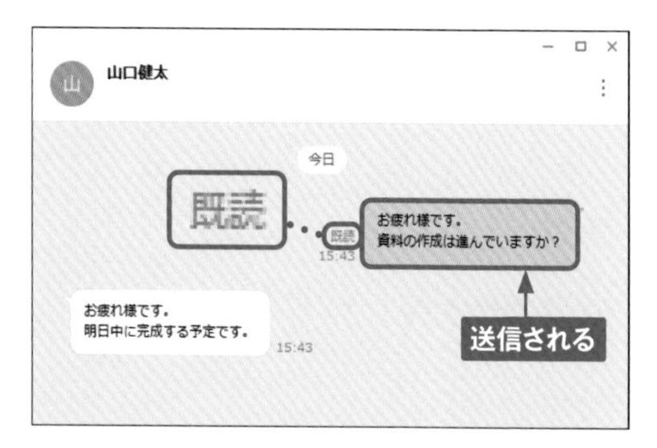

Memo メッセージの送信と改行の方法

初期設定では、キーボードのEnterを押下するとメッセージが送信されますが、設定から送信方法の変更が可能です。画面左下の⚙→［環境設定］→［トーク］の順にクリックし、「トーク」の「送信方法」から任意の送信方法を選択します。送信方法には①Enter、②Ctrl+Enter、③Alt+Enterの3種類があり、改行は①の設定時にはShift+Enter、②と③の設定時にはEnterのみで行えます。

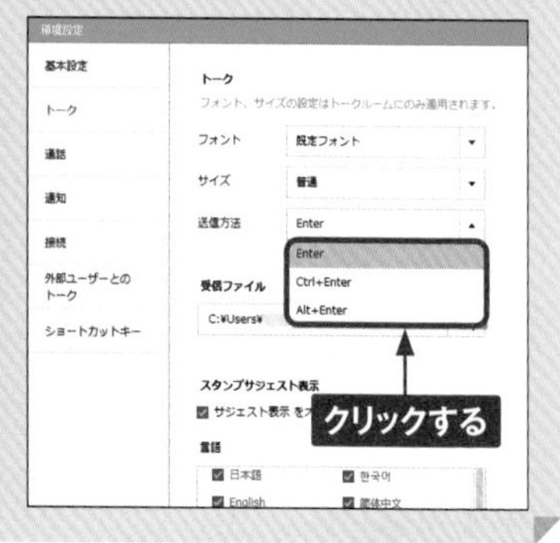

メンションを付ける

1 画面下部のメッセージ入力欄に半角の「@」を入力すると、メンション一覧が表示されるので、メンションしたいメンバーをクリックします。

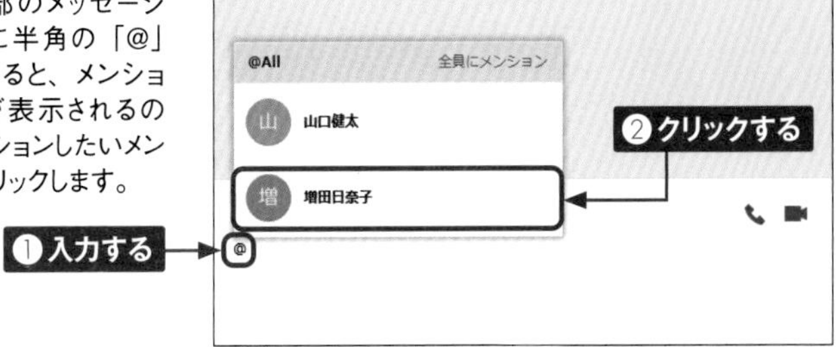

2 メンション相手の名前が青で表示されます。メッセージの内容を入力し、Enterを押します。

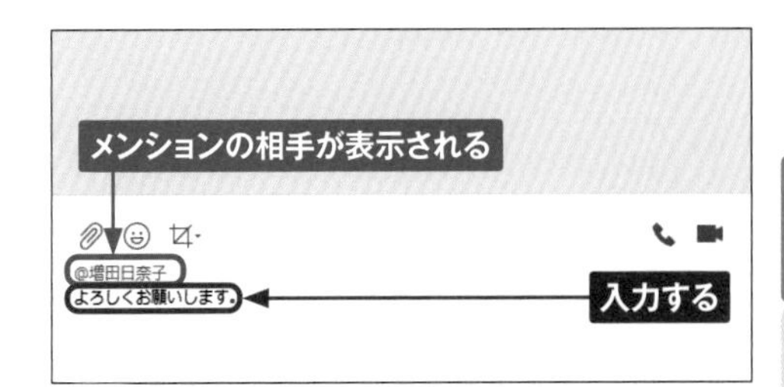

3 メンション付きのメッセージが送信されます。

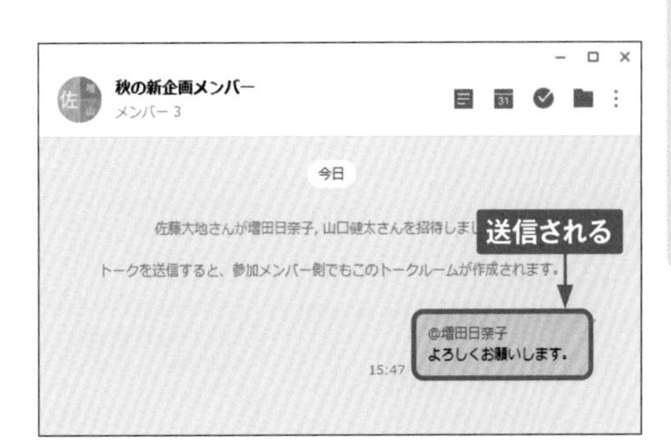

Memo メンションとは

メンションとは、特定の相手を指定してメッセージを送信することにより、通知を飛ばす機能のことです。手順①のメンション一覧には、そのトークルームにいるメンバーだけが表示されます。また、［全員にメンション］をクリックすると、トークルームのメンバー全員にメンション付きのメッセージを送信できます。

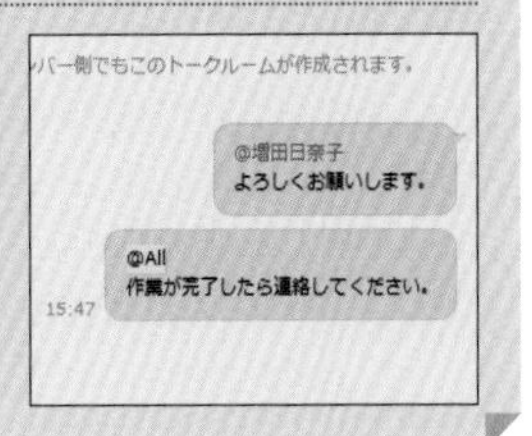

Section 11

スタンプを送信する

仕事において、スピーディーに気持ちを伝える新たな方法として、スタンプを使ったコミュニケーションが定着してきました。LINE WORKSでも、ビジネスシーンで使いやすいさまざまなジャンルのスタンプを利用できます。

スタンプを送信する

1 メッセージ入力欄の左上の☺をクリックします。表示されるスタンプリストからスタンプの種類をクリックし、一覧から送信したいスタンプをクリックします。

2 スタンプが送信されます。一度送信したスタンプは、スタンプリストの🕓をクリックすると表示されます。なお、スタンプには使用期限のあるものもあります。

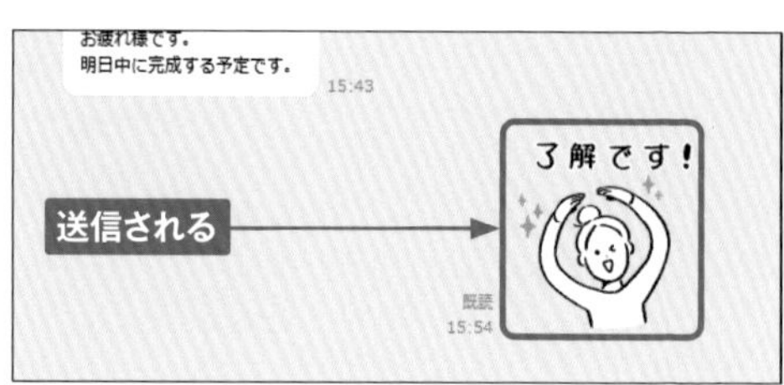

Memo 絵文字を利用する

手順①の画面で［絵文字］をクリックすると、絵文字リストが表示されます。メッセージの入力途中に絵文字を選択して挿入したり、絵文字のみを送信してスタンプのように使用したりできます。

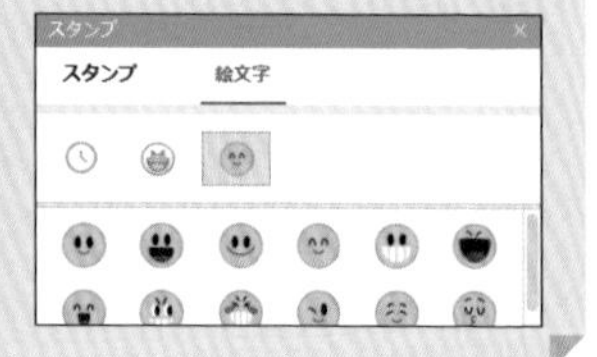

Section 12
メッセージにリアクションする

スタンプとは異なり、特定のメッセージやファイルなどにピンポイントで反応できる機能がリアクションです。既読（P.34参照）と同様に、誰がどのリアクションを送ったのかを確認できるため、簡易的なアンケートとしても活用できます。

メッセージにリアクションする

1. リアクションしたいメッセージにマウスポインターを合わせます。吹き出しの右側に表示される☺をクリックすると、6種類のリアクションアイコンが表示されるので、任意のアイコンをクリックします。

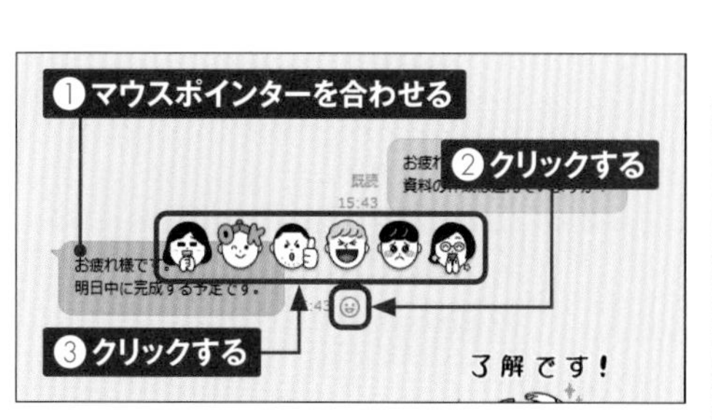

2. リアクションが完了すると、吹き出しの下にリアクションアイコンが付きます。リアクションを変更する場合は同じ手順でアイコンを選択し直し、リアクションを取り消す場合は同じアイコンを選択します。

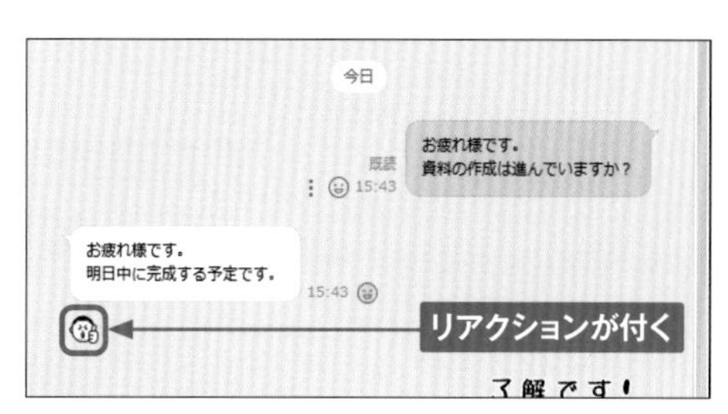

Memo リアクションの種類と確認

リアクションアイコンは、「感謝」「OK」「最高」「笑い」「泣き」「拍手」の6種類から選択できます。また、複数人のトークルームやグループのトークルームでは、吹き出しの下に表示されているリアクションアイコンをクリックすると、誰がどのリアクションを付けたのかを一覧で確認できます。

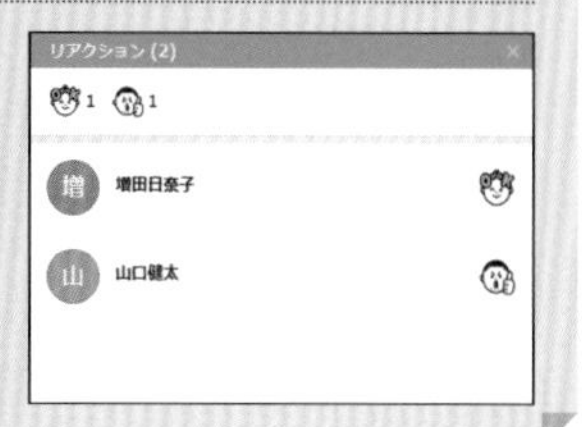

Section 13

写真やファイルを送信する

トークでは、パソコンやスマートフォンに保存されている写真やファイルを送信することができます。現場の状況を速やかに写真で共有したり、外出中のスタッフにすばやくファイルを共有したりと、用途はさまざまです。

写真を送信する

1 メッセージ入力欄の左上の をクリックし、[ローカルPC] をクリックします。

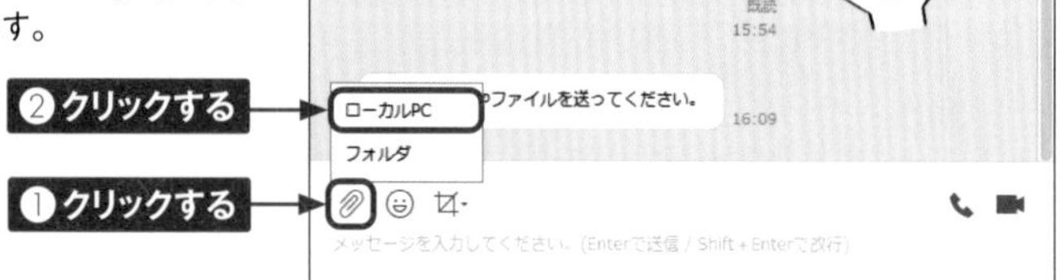

2 送信したい写真をクリックして選択し、[開く] をクリックします。

3 写真が送信されます。

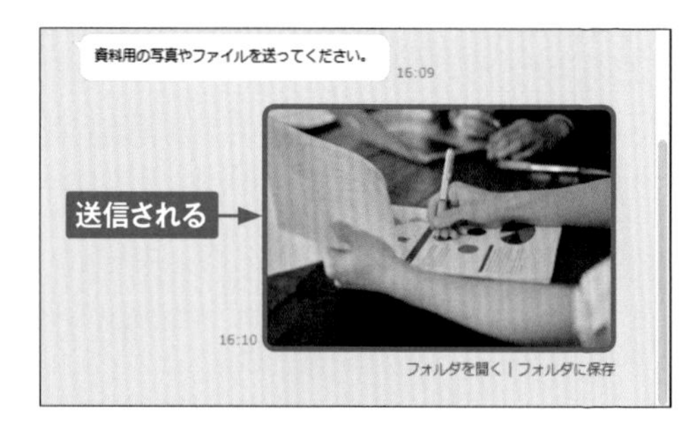

ファイルを送信する

1. メッセージ入力欄の左上の 📎 をクリックし、[ローカルPC] をクリックします。

2. 送信したいファイルをクリックして選択し、[開く] をクリックします。

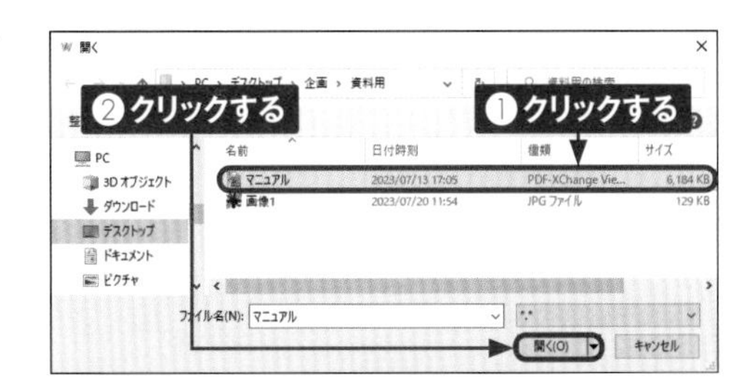

3. ファイルが送信されます。

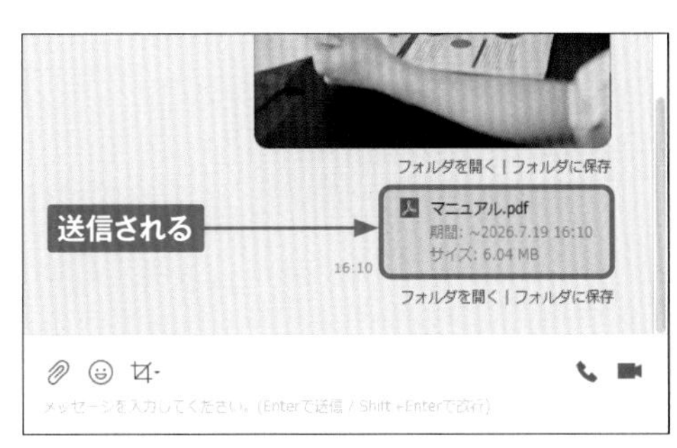

Memo 複数の写真やファイルを一度に送信する

複数の写真やファイルを一度に送信したい場合は、手順②の画面で Ctrl を押しながら項目を選択し、[開く] をクリックします。また、メッセージ入力欄に1件または複数の写真やファイルをドラッグ&ドロップすることでも、送信が可能です。ここでは利用しているパソコンに保存されている写真やファイルを送信する手順を説明しましたが、目的の写真やファイルがLINE WORKS上のフォルダに保存されている場合は、手順①の画面で [フォルダ] をクリックします (P.41参照)。

Section 14

写真やファイルを保存する

トークに送信された写真やファイルには、保存期間が決められています。そのため、必要な項目はパソコンに保存するか、フォルダ(複数人のトークルームとグループのみ)に保存する必要があります。ここでは、パソコンに項目を保存する方法を紹介します。

写真やファイルをパソコンに保存する

1 保存したい写真やファイルの下に表示されている[保存]をクリックします。

2 写真やファイルを保存したい場所を選択し、[保存]をクリックします。

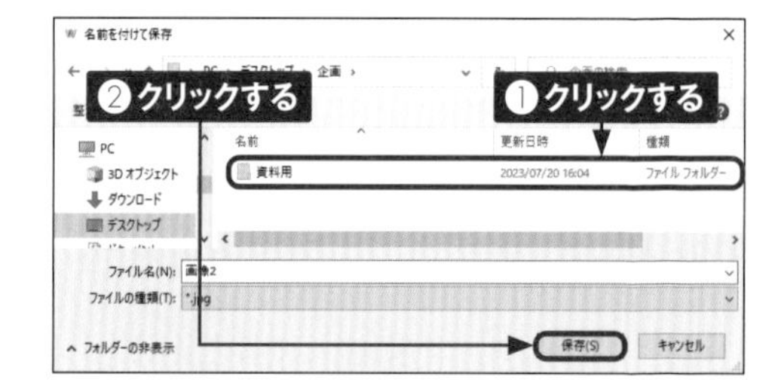

3 保存が完了すると、写真やファイルの下に表示されていた「保存」の表記が「フォルダを開く」に変わります。

写真やファイルをフォルダに保存する

①保存先をLINE WORKSの複数人のトークルームやグループのフォルダに設定したい場合は、保存したい写真やファイルの下に表示されている［フォルダに保存］をクリックします。

②保存したいトークルームやフォルダを選択し、［OK］をクリックします。

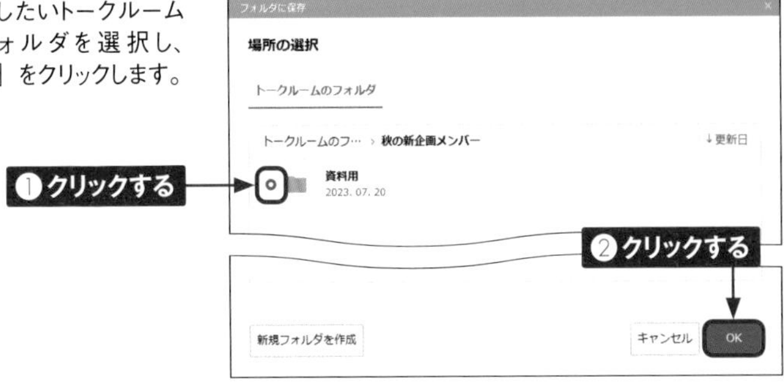

③保存が完了したら、［OK］をクリックします。トークルーム画面右上の■をクリックすると、保存した写真やファイルを確認できます（Webブラウザ版のLINE WORKSが起動します）。

Memo フォルダを作成する

写真やファイルを保存するフォルダを新しく作成したい場合は、手順②の画面でフォルダを作成したいトークルームをクリックし、［新規フォルダを作成］をクリックします。フォルダの名前を入力し、［OK］をクリックすると、新規フォルダが作成されます。

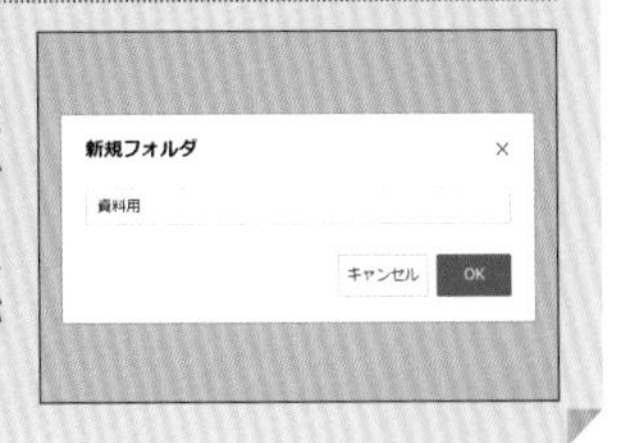

Section 15 メッセージを取り消す／削除する

誤字脱字に気付いた場合や内容を追記したい場合など、メッセージの送信後に取り消したい場面もあるでしょう。ここでは、誤って送信したメッセージを取り消す「送信取消」機能と、トーク履歴の整理に便利な「削除」機能について説明します。

メッセージを取り消す

1. 取り消したいメッセージにマウスポインターを合わせます。吹き出しの左側に表示される ⋮ をクリックします。

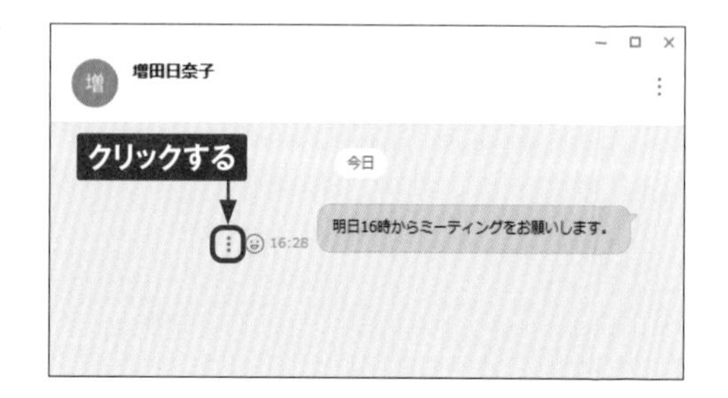

2. 表示されるメニューから[送信取消]をクリックし、「トークの取消を実行しますか?」画面で［OK］をクリックします。

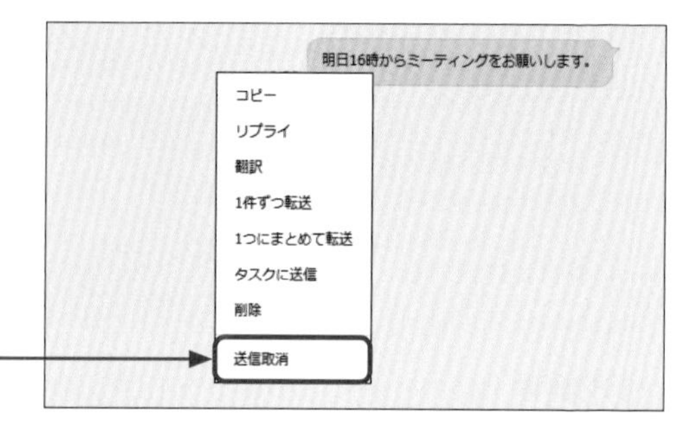

3. 自分や相手のトークルームからメッセージが取り消され、「トークの送信を取り消しました。」と表示されます。

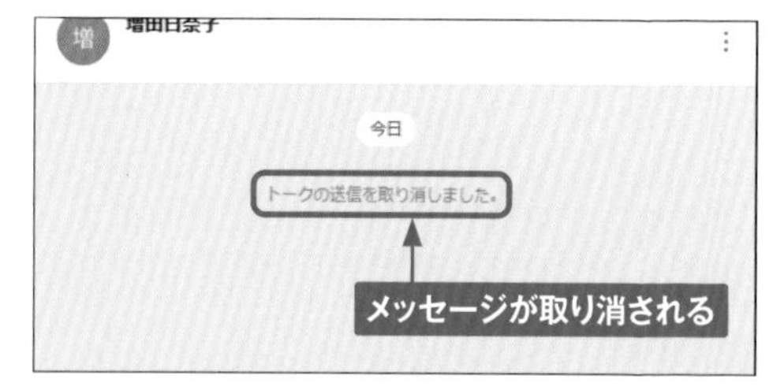

メッセージを削除する

1. 削除したいメッセージにマウスポインターを合わせ、吹き出しの左側に表示される ⋮ をクリックします。表示されるメニューから［削除］をクリックすると、初回のみ操作説明用の画面が開くので、［OK］をクリックします。

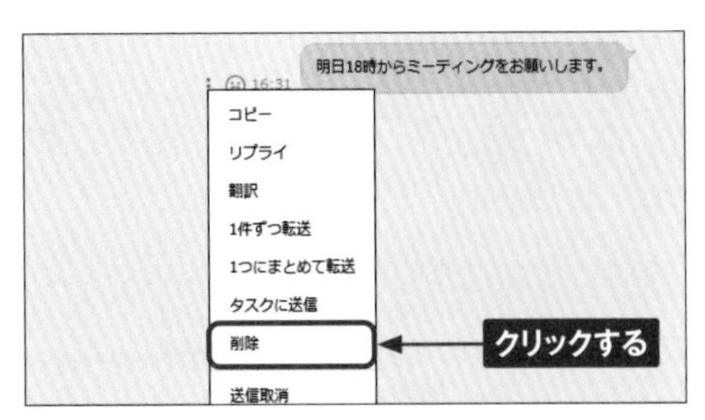

2. 削除したいメッセージにチェックが付いていることを確認し、［削除］をクリックします。「選択したトークをすべて削除します。」画面で［OK］をクリックすると、メッセージが削除されます。なお、「削除」機能は削除操作を行った端末のみで非表示となるため、「送信取消」機能と異なり、削除された旨のメッセージは表示されません。

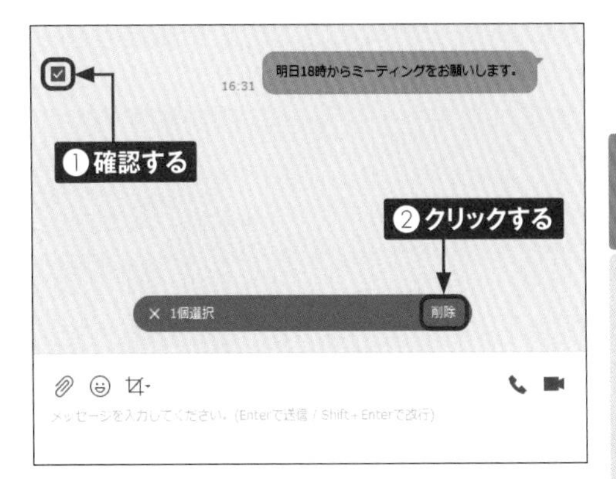

Memo メッセージの取り消しと削除の違い

メッセージの「送信取消」機能と「削除」機能はまったく異なる機能ですが、どちらも「メッセージを消す」操作であるため混同されがちです。以下の表で違いを確認しましょう。

機能	対象のメッセージ	表示されている端末	
		自分	自分以外
送信取消	自分	いずれも取り消し可（表示されない）※1	
送信取消	自分以外	操作不可	
削除	自分	削除可（表示されない）※2	削除不可（表示されたまま）
削除	自分以外		

※1：フリープランではメッセージの送信取り消し可能時間は「1時間」に設定されていますが、有料プランでは「1時間」「24時間」の選択が可能です。
※2：デスクトップアプリ版で削除した場合、デスクトップアプリ版では表示されませんが、スマートフォンアプリ版では表示されたままとなります。

Section 16

メッセージを検索する

トークには、過去のやり取りを確認しやすくするための「検索」機能があります。キーワードからトークルームやメンバーを探し出したり、ファイル名からファイルを探し出したりするほか、文書ファイルの本文からの検索も可能です。

メッセージを検索する

●すべてのトークルームを検索する

1 画面左のトークリスト上部の入力欄に検索したいキーワードを入力します。

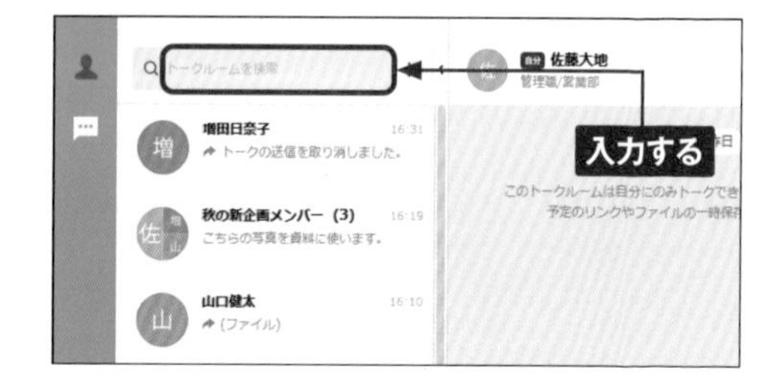

2 「トークルーム/メンバー名」「トーク」「ファイル」の検索結果が表示されます。ここでは「トーク」の［○件のトーク］をクリックします。

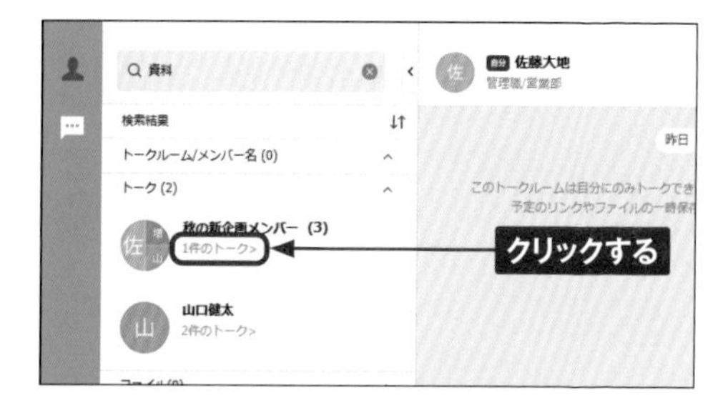

3 メッセージ一覧から確認したいメッセージをダブルクリックします。

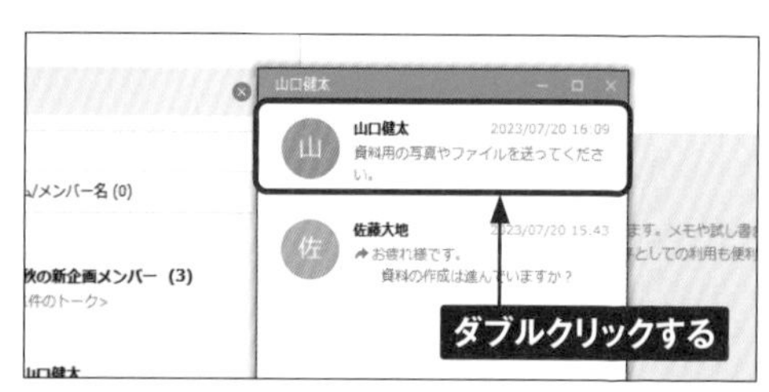

4 該当するメッセージの場所に移動します。検索したキーワードはハイライトで表示されます。

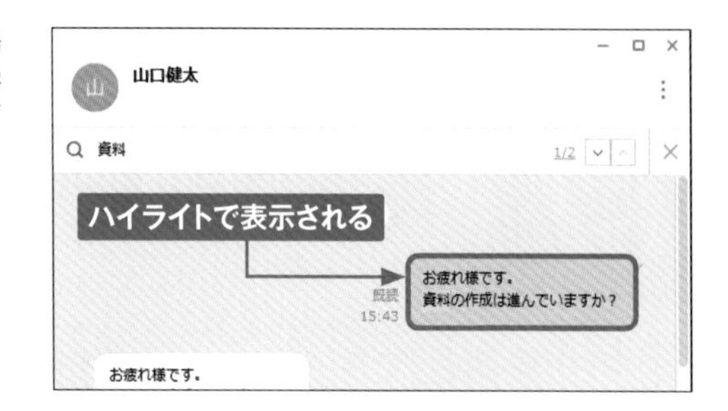

●個別のトークルーム内を検索する

1 トークルーム画面右上の ⋮ をクリックし、表示されるメニューから［トークを検索］をクリックします。

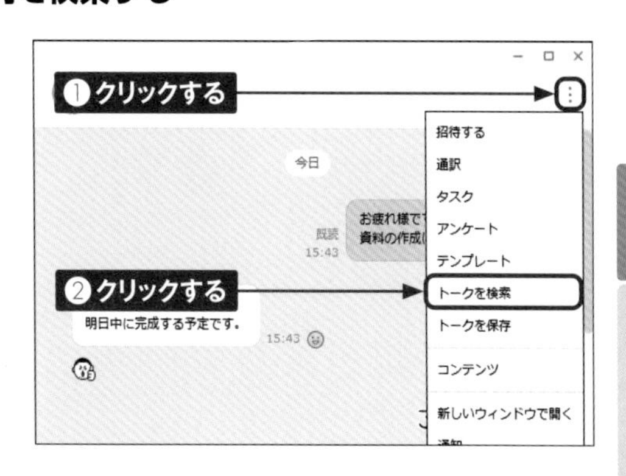

2 画面上部の入力欄に検索したいキーワードを入力します。このとき、▦をクリックすると、表示されるカレンダーから日付でメッセージを検索することができます。

3 キーワードが見つかれば、該当するメッセージに自動的に移動します。検索したキーワードはハイライトで表示されます。検索結果が複数ある場合は、⌄⌃をクリックしてメッセージを移動できます。

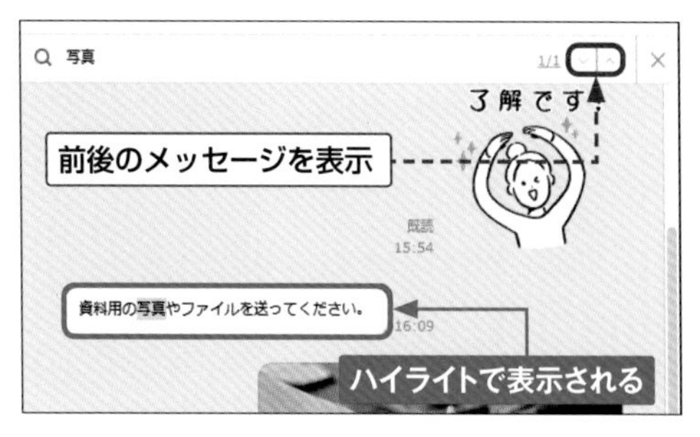

第2章 コミュニケーションをする

Section 17 音声通話を発信する

LINE WORKSではLINEと同様、無料で音声通話ができます。音声通話には1対1の通話とグループの通話の2種類があり、フリープランではグループ通話が最大4人（60分）、有料プランでは最大200人（時間無制限）での通話が行えます。

1対1の音声通話を発信する

1 画面左のトークリストから通話をしたい相手とのトークルームをクリックし、メッセージ入力欄の右上の📞をクリックします。

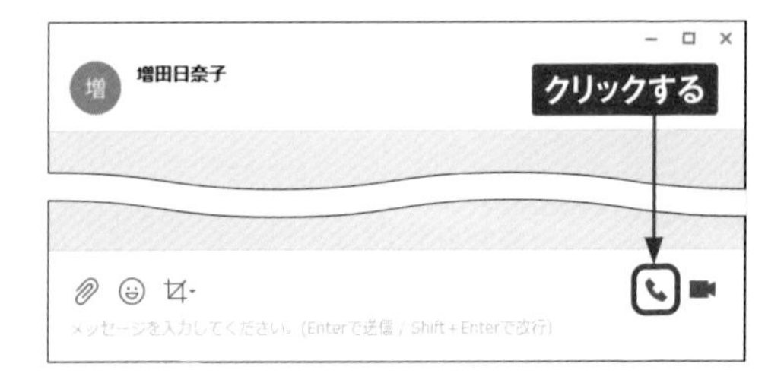

2 「○○さんに音声通話を発信しますか?」画面が表示されるので、[通話] をクリックします。

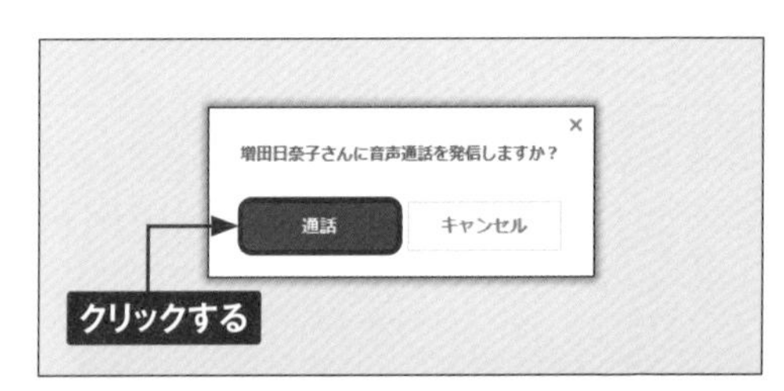

3 呼び出し画面が表示され、相手が応答すると、通話が開始されます。なお、1対1の通話に招待された場合は着信画面が表示されるので、[応答]をクリックします。通話を終了するには、[退室]をクリックします。

第3章

ビデオ通話をする

Section 18

ビデオ通話とは

LINE WORKSには、お互い顔を見てスムーズに情報共有ができる「ビデオ通話」機能があります。音声通話の途中でビデオ通話に切り替えて現物を確認してもらったり、ゲストを招待したりなど、ほかのユーザーと気軽につながることができます。

ビデオ通話とは

LINE WORKSのビデオ通話は、同じ企業／団体であれば招待する必要もなく、トークルームの通話のアイコンから開始したり、着信画面から参加したりできます。顔を見ながらの会話はもちろん、イベントの様子や写真だけでは伝わりにくい状況説明など、招待手続き不要で速やかに開始できるのが特長です。また、ビデオ通話と音声通話の切り替えがいつでも可能なので、メッセージよりも気軽に情報伝達・交換ができます。
複数人またはグループの通話画面では、メンバーが6名ずつ表示されます。チャットをしながらビデオ通話を実施する場合は、パソコンからの利用が向いているでしょう。なお、パソコンでビデオ通話を行うには、あらかじめデスクトップアプリ版をインストールしておく必要があります（P.24 ～ 25参照）。Webブラウザ版ではビデオ通話が利用できません。

ビデオ通話の画面（1対1の通話）

❶	通話の環境設定が表示されます。
❷	通話相手の名前（グループの場合はグループ名）と通話時間が表示されます。
❸	自分と通話相手の画面が表示されます。
❹	ピン留めや拡大表示、プロフィールの確認ができます。
❺	画面表示モードを変更できます。
❻	カメラがオン／オフになり、音声通話とビデオ通話を切り替えます。
❼	マイクがオン／オフになり、相手に音が聞こえないようにできます。
❽	スピーカーがオン／オフになり、音の出力を切り替えます。
❾	パソコンやスマートフォンの画面を共有したり、ホワイトボードを使用したりしながら通話ができます。
❿	通話中に専用のウィンドウを立ち上げてトークができるようになります。
⓫	通話を終了して退室できます。

Memo プランと通話の種類による違い

無料のビデオ・音声通話について、プラン別および種類別の違いは以下の通りです。

プラン	無料のビデオ・音声通話	
	1対1	グループ
フリー	時間無制限	最大4名、制限時間60分
スタンダード／アドバンスト	時間無制限	最大200名、時間無制限

Section 19

ビデオ通話を発信する

デスクトップアプリ版のインストールが完了し、パソコンにカメラとマイクが接続されて使用できる状態になっていれば、ビデオ通話が利用できます。ここでは、トークルームからビデオ通話を発信する方法を説明します。

ビデオ通話を発信する

1. 画面左のトークリストから通話をしたい相手とのトークルームをクリックし、メッセージ入力欄の右上の■をクリックします。

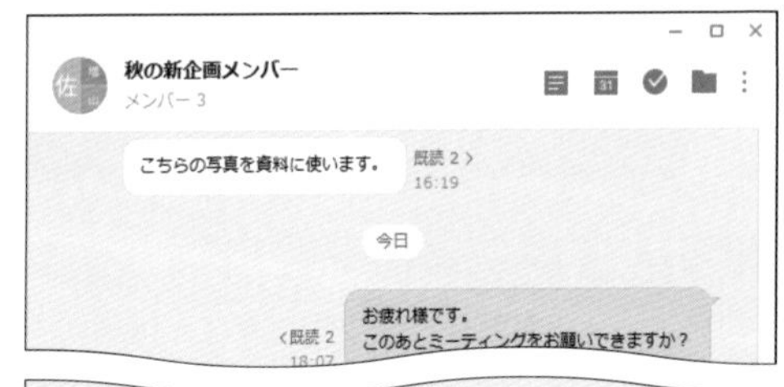

2. フリープランの場合は、右図のメッセージが表示されるので、［OK］をクリックします。

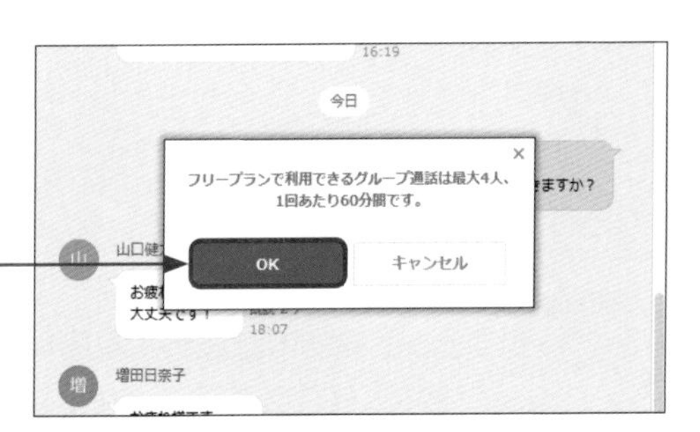

Memo 1対1、複数人、グループで表示が異なる

ここでは複数人のトークルームでのビデオ通話の手順を説明していますが、1対1やグループでのビデオ通話では、一部表示される画面やボタンが異なります。基本的には画面の指示に従って操作を進めれば問題ありません。

③ パソコンのカメラやマイクの状態、身だしなみなど確認し、問題なければ[参加]をクリックします。通話の開始前に背景やフィルター（P.62参照）を設定する場合、［背景/フィルター］ をクリックします。

④ ビデオ通話が開始されます。始めは自分の画面のみが表示されますが、ほかのメンバーが参加すると、自動的に画面が分割表示されます。

⑤ ビデオ通話を終了するには[退室]をクリックし、「通話を退室しますか?」画面で［OK］をクリックします。

Memo グループ通話の終了／強制退室

自身がグループ通話の主催者である場合は、手順⑤の画面で「ミーティングを終了」のチェックボックスをクリックして［OK］をクリックすると、通話そのものを終了させることができます。また、特定のメンバーのみを通話から退室させる場合は、そのメンバーの表示画面にマウスポインターを合わせると表示される…をクリックし、［退室］→［OK］の順にクリックします。

第3章 ビデオ通話をする

ビデオ通話中にメンバーを追加する

① 通話画面下の［メンバー］をクリックします。

② 通話に参加中のメンバーが表示されます。［招待］をクリックし、［参加用リンクをコピー］をクリックしたら、任意の方法で通話に追加したいメンバーに参加用リンクを共有します。

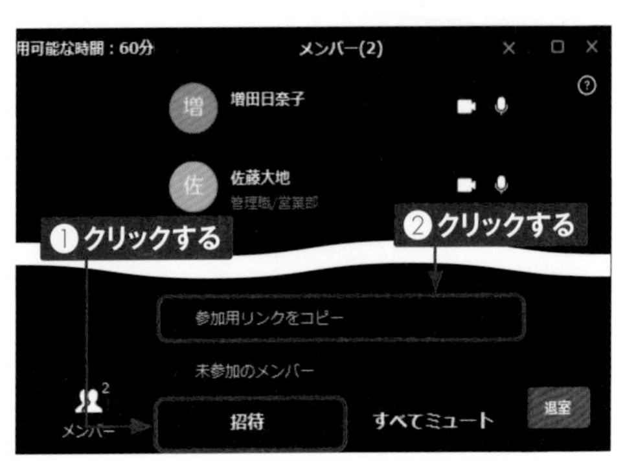

③ 参加用リンクを共有されたメンバーがリンクをクリックしてP.51手順③の操作を行うと、開催中の通話にメンバーが追加されます。

Memo 未参加メンバーに通知する

複数人やグループの通話に参加していないメンバーがいる場合、手順②の画面で［未参加のメンバー］をクリックし、任意のメンバー名のチェックボックスをクリックしてチェックを付け、［送信］をクリックすると、通話への参加を促すメンション付きのメッセージが送信されます。

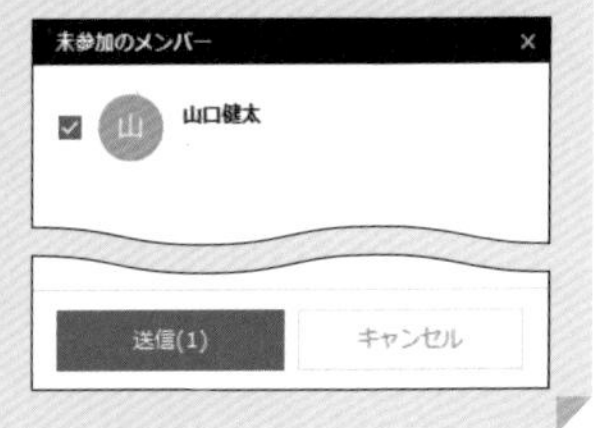

Section 20

ミーティングリンクでビデオ通話を予約開催する

先々に開催するビデオ通話は予約することができます。カレンダー登録も行われ、かつ開催前に参加者に通知が届くため、忘れてしまうリスクもありません。メッセージでのやり取りの延長で予約でき、LINE WORKS内で完結させることが可能です。

ミーティングリンクを作成する

1 画面左のトークリストから⊕をクリックします。

2 ［ビデオ通話ミーティング］にマウスポインターを合わせ、［ミーティングリンクを作成］をクリックします。

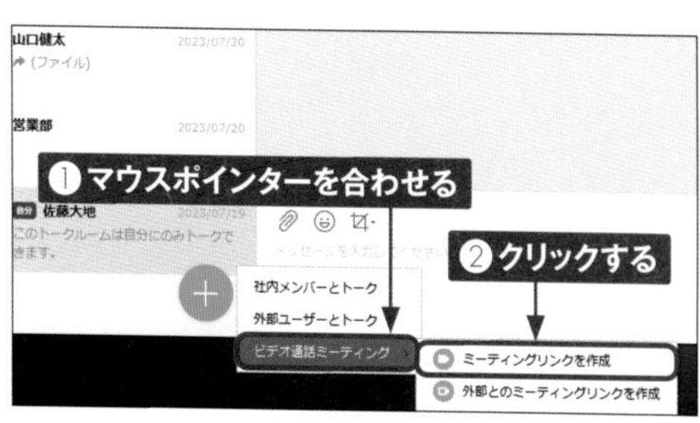

3 ［ミーティング予定を作成］をクリックします。

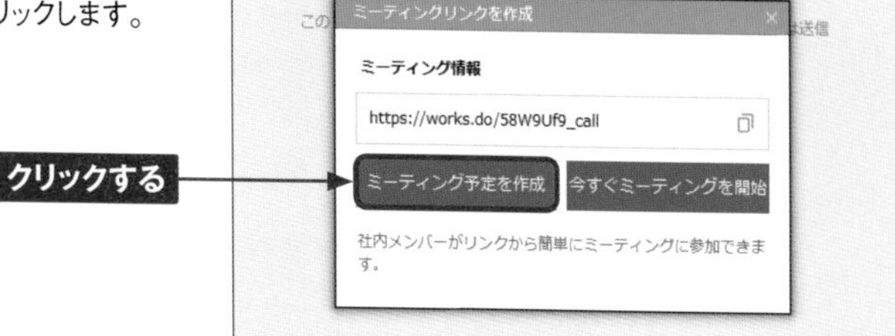

第3章 ビデオ通話をする

④ Webブラウザ版に遷移します。ミーティングの「件名」や「日時」、登録する「カレンダー」などを設定し、「参加者」から[アドレス帳]をクリックします。

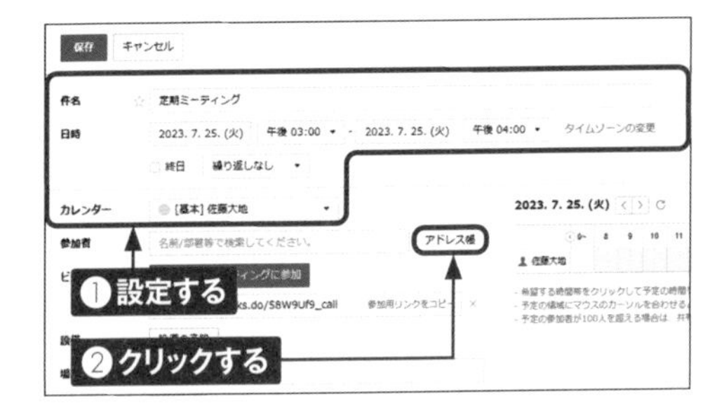

⑤ メンバーを選択するウィンドウが立ち上がります。「組織図」から任意のチーム（組織）をクリックします。

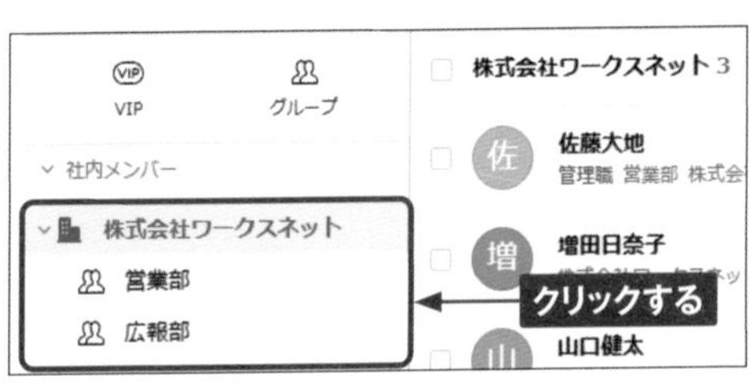

⑥ ビデオ通話に参加させたいメンバーの名前のチェックボックスをクリックしてチェックを付け、[OK]をクリックします。

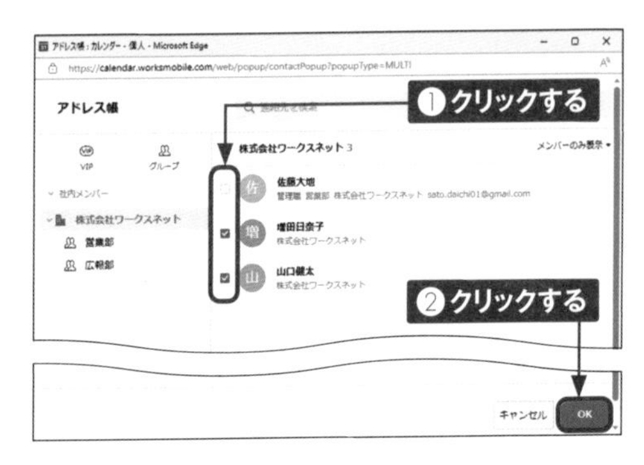

Memo カレンダーからミーティングリンクを作成する

カレンダーからミーティングリンクを作成する場合は、P.80手順③またはP.91手順③の画面で「ビデオ参加用」の［ビデオ通話ミーティングの追加］をクリックし、［ミーティングリンクを作成］をクリックします。

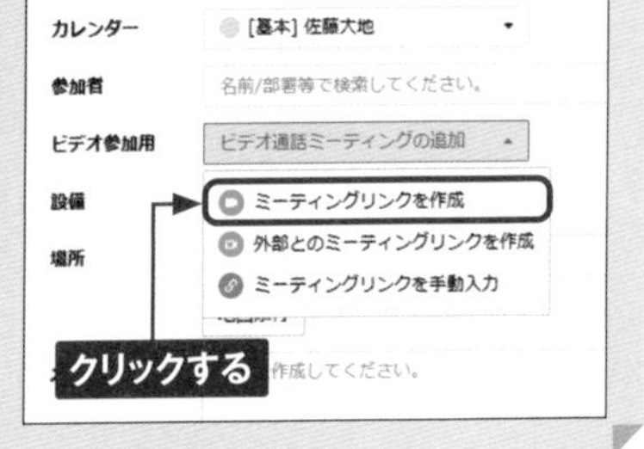

7. メンバーが追加されます。

8. そのほかの必要な項目を設定し、問題がなければ［保存］をクリックします。

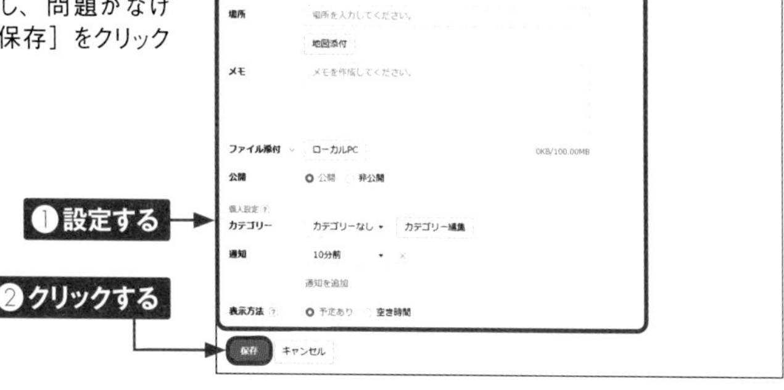

9. カレンダーを表示すると（P.94参照）、ビデオ通話の予定が登録されていることが確認できます。

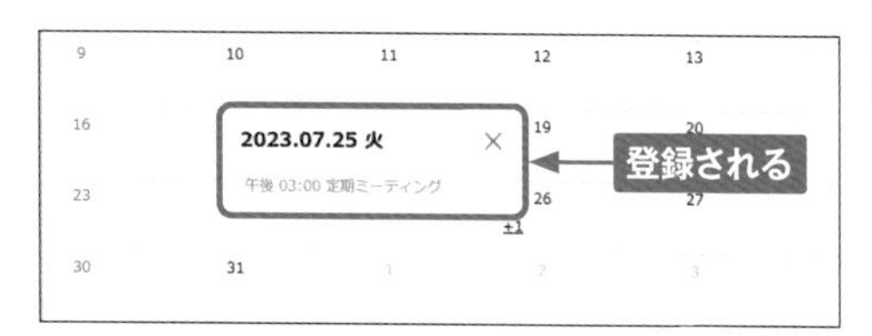

Memo 通話予定の通知を送信する

通話の開始前に参加メンバーに通知を行う場合は、手順⑧の画面で「通知」から任意の時間を設定します。複数人やグループのメンバーが参加者のミーティングリンクを作成する場合は、P.80手順③の画面で「ビデオ参加用」の［ビデオ通話ミーティングの追加］→［ミーティングリンクを作成］の順にクリックして操作を進め、P.81手順⑥の画面で「トークルームに通知を送信」のチェックボックスをクリックしてチェックを付け、［OK］をクリックします。

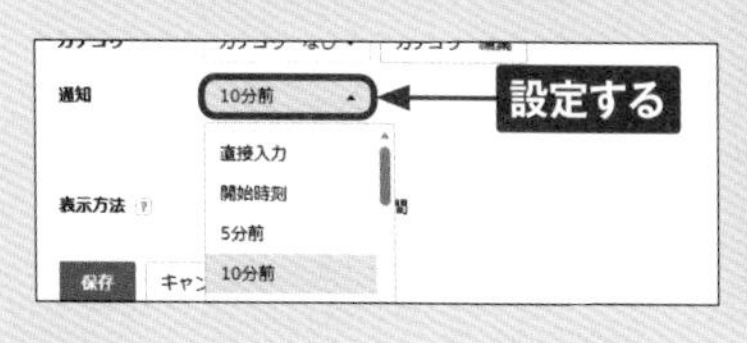

Section 21

ビデオ通話に参加する

ビデオ通話には、「応答」ボタンまたは「参加」ボタン、ミーティングリンク、カレンダーのスケジュールなどから参加できます。なお、パソコンから参加する場合は、「LINE WORKS」のデスクトップアプリ版のインストールが必須です。

ビデオ通話に参加する

●着信画面やトークルームから参加する

① 1対1の通話の場合は着信画面の［応答］、複数人やグループの通話の場合はトークルームの画面上部の［参加］をクリックし、［参加］をクリックします。

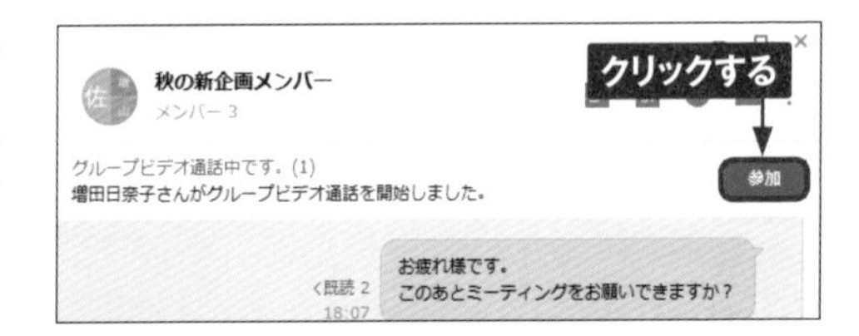

●ミーティングリンクから参加する

① サービス通知などのミーティングリンクをクリックし、［参加］をクリックします。

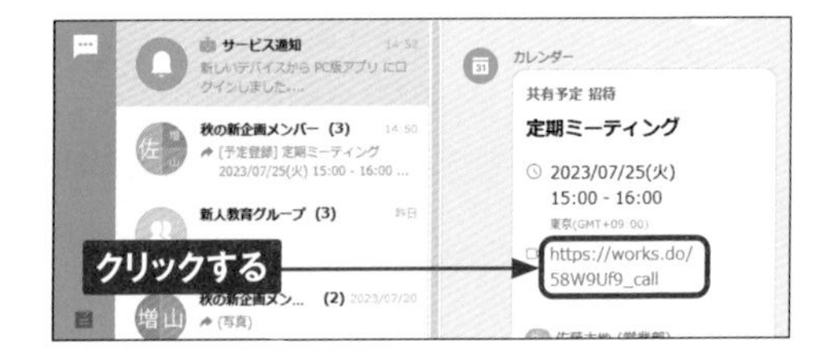

●カレンダーから参加する

① カレンダーに登録されている通話の予定をクリックし、「ビデオ参加用」の［ビデオ通話ミーティングに参加］をクリックします。［LINE WORKSを開く］をクリックし、［参加］をクリックします。

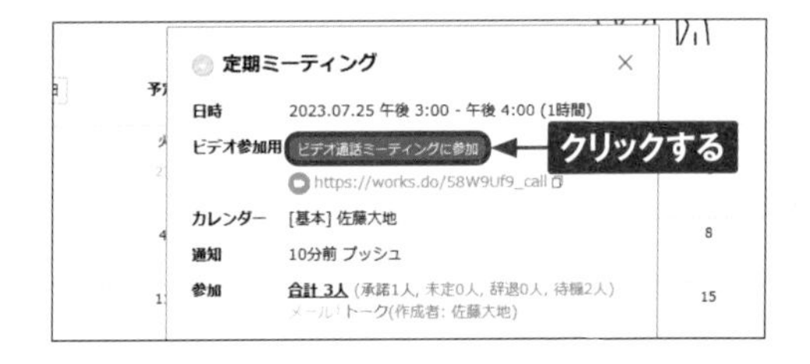

Section 22

通話中にメッセージを送信する

通話中であっても、LINE WORKSのそのほかの機能は使用できます。ビジネスでは通話をしながらトークルームでメッセージでやり取りをしたり、ファイルの確認をしたりしなければならない場面が多々あるため、操作を覚えておきましょう。

通話中にメッセージを送信する

1 通話画面下の［トーク］をクリックし、表示される確認画面で［OK］をクリックします。

2 通話を行っているトークルームの画面が立ち上がります。任意のメッセージを入力し、送信します。

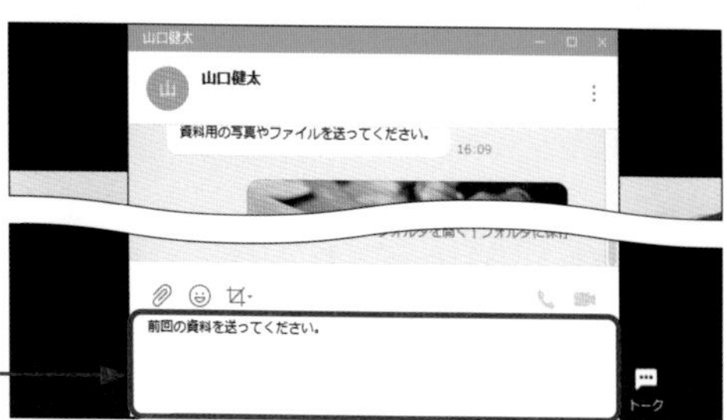

3 メッセージが送信されます。トークルームを閉じるには、画面右上の☒をクリックします。

Section 23

映像や音声をオン／オフする

ビデオ通話では、必要に応じて映像や音声をオン／オフすることができます。通信回線の負荷を下げるために必要時のみ映像をオンにしたり、ほかのメンバーの発言中に音声をオフにしたりするなど、状況に応じて使い分けられるようにしましょう。

映像をオン／オフする

1. 映像は、通話画面下の［ビデオを停止］または［ビデオを開始］をクリックして、オン／オフを切り替えます。ここでは［ビデオを停止］をクリックします。

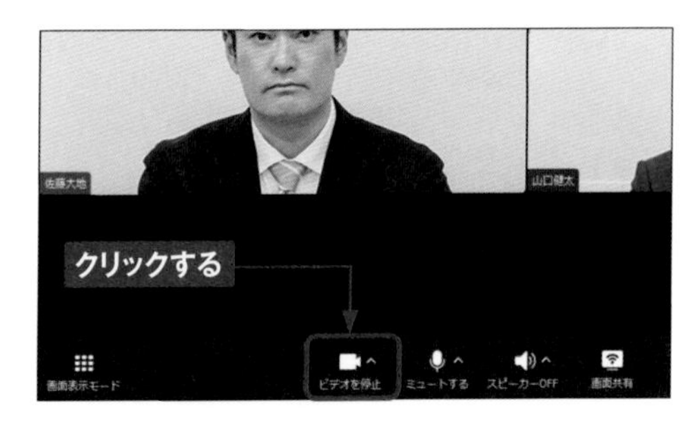

2. 映像がオフになり、プロフィールアイコンが表示されます。

Memo　スマートフォンアプリ版で映像や音声をオン／オフする

スマートフォンアプリ版で映像や音声をオン／オフにする場合も、基本的にはデスクトップアプリ版と同様の手順ですが、映像をオンにする際は始めに［カメラをONにして通話］をタップする必要があります。また、スマートフォンアプリ版では◎をタップすると、カメラの前面／背面を切り替えることができます。

音声をオン／オフする

① 音声は、通話画面下の［ミュートする］または［ミュート解除］をクリックして、オン／オフを切り替えます。ここでは［ミュートする］をクリックします。

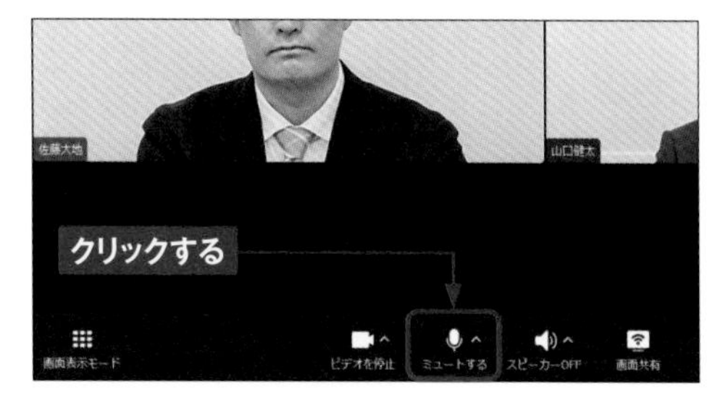

② 音声がオフになり、名前の横に■が表示されます。

メンバーの音声を強制的にオフにする

① 複数人またはグループの通話中、プレゼンやセミナーなどの主催者のみが発言する場面で音声がオンになっているメンバーがいる場合、相手の画面にマウスポインターを合わせ、表示される［ミュート］をクリックします。

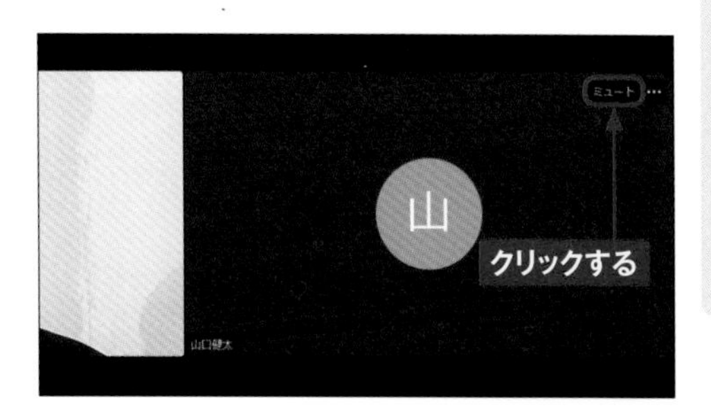

② 表示される確認画面で［OK］をクリックすると、そのメンバーの音声がオフになります。

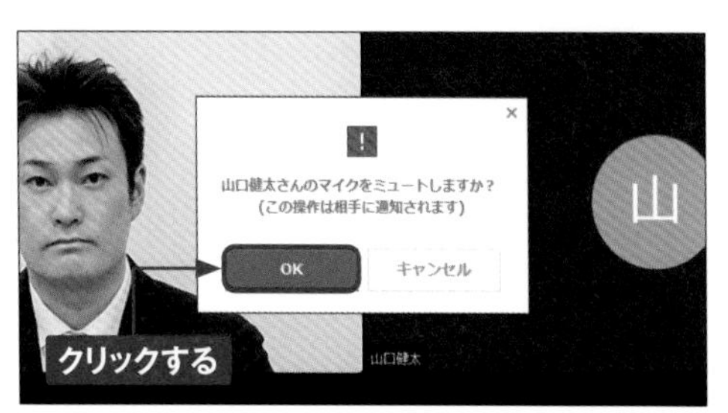

第3章 ビデオ通話をする

Section 24

画面の表示を切り替える／ピン留めする

複数人参加による通話の際には、画面のサイズや配置を変えたり、常に見えるようにしたいメンバーの画面を手前に表示されるよう固定したりなど、見えやすく画面表示を変えることができます。

画面の表示を切り替える

1 通話画面下の［画面表示モード］をクリックします。

2 デフォルトでは「画面を分割表示」が選択されています。ここでは［発言者を表示］をクリックします。

3 画面の表示が変更され、発言者がいちばん大きく表示されます。

画面をピン留めする

① ピン留めしたいメンバーの画面にマウスポインターを合わせ、…をクリックします。

② ［ピン留め］をクリックします。

③ 選択したメンバーの画面がピン留めされ、常に左上（画面表示モードが「発言者を表示」の場合は右上）に表示されるようになります。ピン留めされている画面は、名前の横に📌が表示されます。

Memo 全画面に切り替える

P.60手順②の画面で［全画面表示に切り替え］をクリックすると、パソコンの画面いっぱいに通話画面が表示されます。会議室など大画面に接続されたパソコンで投影し、複数人で参加する場合などは、うしろの席の人にも見えやすいよう全画面表示を利用するとよいでしょう。なお、全画面表示ではLINE WORKSのトーク画面やパソコンのエクスプローラーなどの表示が見えなくなるため、そのほかの操作をする必要があるときは、選択しないほうが望ましいです。全画面表示を解除するには、Escを押します。

Section 25

バーチャル背景を設定する

バーチャル背景は、通話中にカメラで映し出される背景を任意の画像に変更できる機能です。LINE WORKSに用意されている画像やお気に入りの画像を背景に設定すれば、カメラをオフにできない場面で部屋や人の映り込みを防ぐことができます。

デフォルトのバーチャル背景を設定する

1 通話中に自分が映っている画面の上にマウスポインターを合わせ、…をクリックして、[背景/フィルター]をクリックします。

2 「バーチャル背景」から使用したい背景画像の[↓]をクリックしてダウンロードし、完了したらその背景画像をクリックします。なお、[フィルター]をクリックすると、自分の画面に任意のフィルターを適用できます。

3 背景が変更されます。

任意の画像をバーチャル背景に設定する

① P.62手順②の画面で＋をクリックします。

② 使用したい画像をクリックして選択し、［開く］をクリックします。

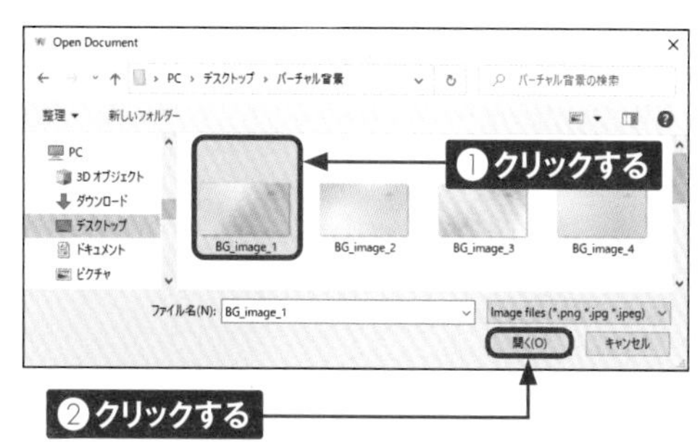

③ 「バーチャル背景」に手順②で選択した画像が追加されます。追加した画像をクリックします。

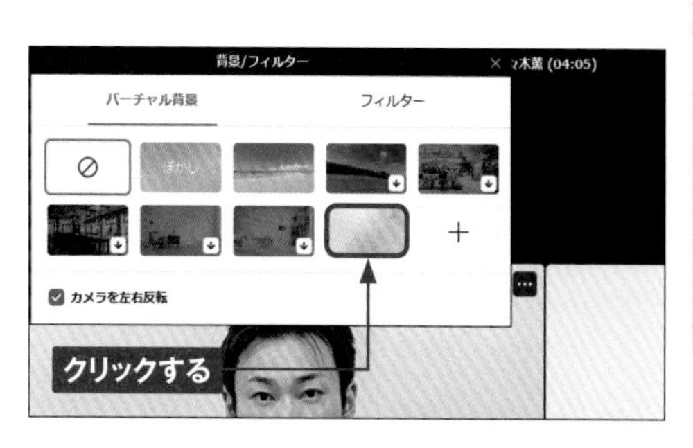

④ 背景が変更されます。

Section 26

画面を共有する

ビデオ通話では、自身のパソコンやスマートフォンの画面を参加メンバーに映すことができます。「ホワイトボード」機能もあるため、言葉やジェスチャーなどでは伝えにくいことを図で示したり、メンバーのアイデアをメモしたりするのに便利です。

画面を共有する

① 通話画面下の［画面共有］をクリックし、表示される確認画面で［OK］をクリックします。

② 「共有」機能の選択ウィンドウが表示されます。このとき、マルチディスプレイ環境（複数のモニター画面を使用）の場合、接続されているすべての画面数が表示されます。共有したい画面（ここでは［画面1］）をクリックし、［共有］をクリックします。

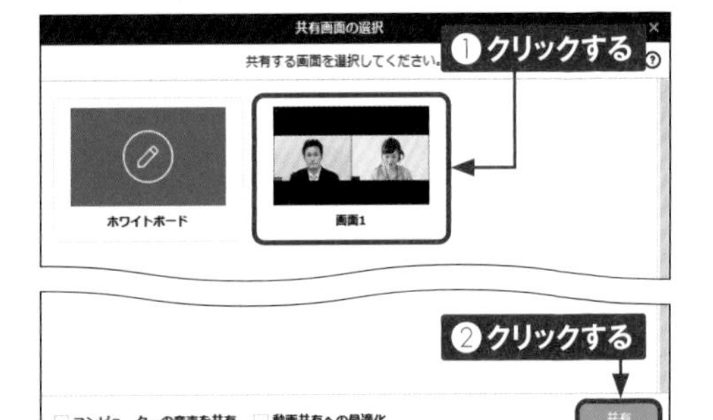

Memo スマートフォンアプリ版での画面共有

スマートフォンアプリ版の場合、Android端末では画面共有ができず、共有された画面の閲覧のみとなります。iPhoneやiPadであれば画面共有が利用できるため、スマートフォンの操作説明などに活用できます。

③ 選択した画面が青い縁で囲まれ、共有中であることがわかるようになります。画面共有中は、参加メンバーの画面が小さく表示されます。

④ 画面共有を終了するには、画面上部の［共有終了］をクリックし、表示される確認画面で［OK］をクリックします。

⑤ 通話画面に戻ります。

Memo 共有できる画面／操作メニューの表示

パソコンの画面に表示できるものはすべて共有できるため、インターネットのWebページや動画、プレゼン用の資料など、さまざまな画面を参加メンバーと一緒に閲覧することが可能です。なお、画面共有中に通話画面の操作メニューを表示させるには、画面上部に表示されているメニューにマウスポインターを合わせます。

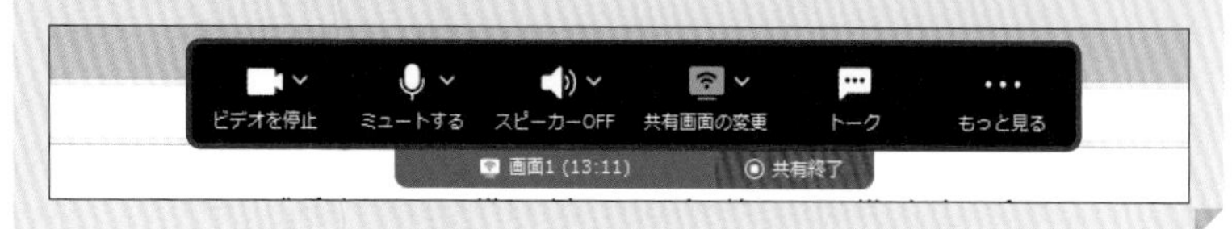

ホワイトボードを共有する

1. P.64手順②の画面で［ホワイトボード］をクリックし、［共有］をクリックします。

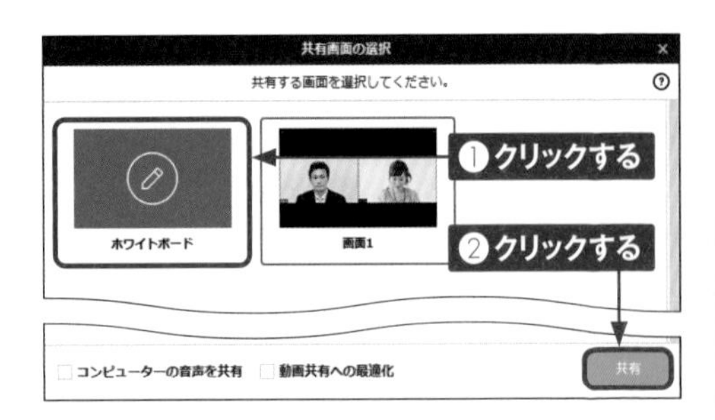

2. 真っ白な画面が表示され、ホワイトボードが利用できるようになります。

3. ホワイトボードを終了するには、画面右上の☒をクリックし、表示される確認画面で［OK］をクリックします。

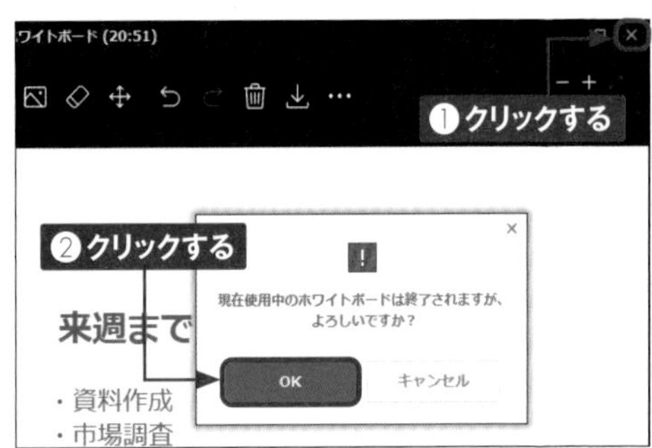

Memo ホワイトボードの機能

「ホワイトボード」では、画面上部に表示されるメニューからツールを選択することで、さまざまな書き込みを行えます。ペンでの描画はもちろん、図形の追加やテキストの入力、画像の挿入なども可能です。また、ホワイトボードに書き込んだ内容は画像として保存することもできます。

第4章

グループを利用する

Section 27
チーム（組織）とグループとの違い

LINE WORKSには、チーム（組織）のトークルームとグループのトークルームがあります。両者はできることが似ているため混同しがちですが、管理者、用途、ルールなどが異なります。それぞれの違いについて確認しておきましょう。

チーム（組織）とグループの違い

LINE WORKSでは、企業／団体の組織と連動してチーム（組織）を設定することができます（P.16参照）。たとえば本店と支店、企業／団体内の部署ごと、PTAの係ごとなど、複数の組織が存在する場合に、LINE WORKS内に自社組織に合わせたチームを作成し、メンバーを所属させて「チームトークルーム」でコミュニケーションを取ります。P.74～83の内容はチームトークルームでも利用可能です。チーム（組織）は、管理権限を持つメンバーのみが管理できます。
プロジェクトが発足したり、福利厚生に部活を取り入れていたりする場合には、その活動単位でのやり取りやタスク・スケジュール管理のニーズが出てきます。その場合には、横断的にメンバーを招集できる「グループ」を活用しましょう。「グループトークルーム」は管理者あるいはグループ作成の権限が付与されているグループマスターにて運用されるトークルームであり、招待されなければ入室できません。
どちらもカレンダーやタスクといった機能があり、チーム（組織）とグループそれぞれの機能を別々に利活用できるため、両者が混在することなくコミュニケーションの活性化の実現が可能です。なお、チーム（組織）やグループを作成せずにメンバーを登録した場合は、ノートやフォルダ、カレンダーが使用できません。これらの機能をメンバー全員で使用したい場合、メンバー全員が含まれるチーム（組織）やグループを作成する必要があります。

●チーム（組織）とグループの違い

	チーム（組織）	グループ
入退室	LINE WORKSの組織と連動	手動
作成	組織変更時のみ	随時可
管理	・管理者 ・組織長	・管理者 ・グループマスター
機能	共通（トーク、ノート、カレンダー、タスク、フォルダ）	

Section 28

グループを作成する

グループを作成すると、トークルームのほか、カレンダーやタスクなどの機能も使えるようになるため、プロジェクトやスポット的な取り組みに関する情報を効率よく共有できるようになります。グループの作成には、複数の方法があります。

グループを作成する

●グループマスターがトークからグループを作成する

1 「LINE WORKS」アプリで、画面左のメニューからをクリックし、→[社内メンバーとトーク]の順にクリックします。

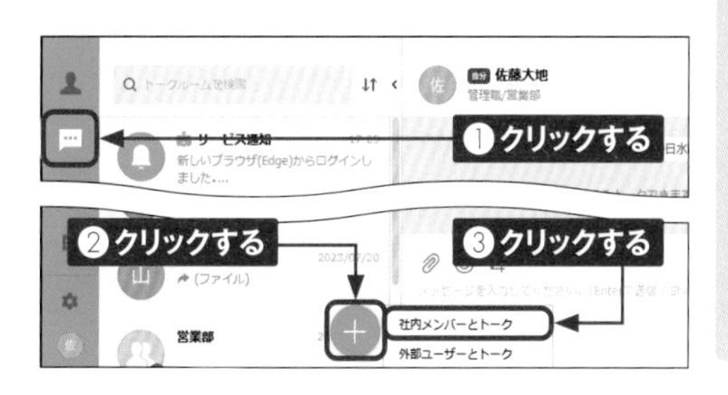

2 [グループ]をクリックし、[グループの作成]をクリックします。

3 Webブラウザ版のLINE WORKSが起動し、「アドレス帳」画面が表示されます。画面右の[グループ追加]をクリックし、[グループ追加]をクリックします。

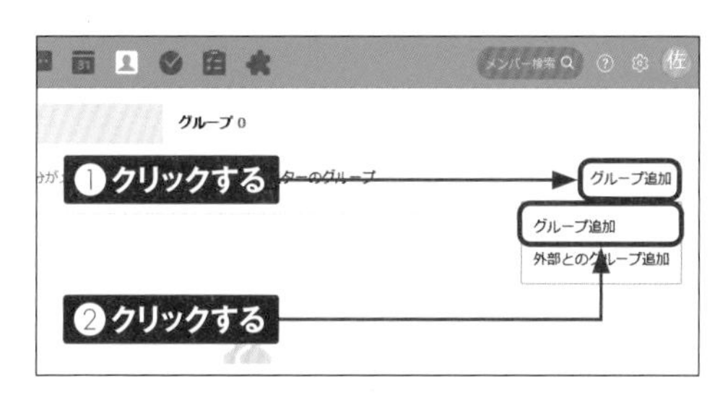

4 「グループ名」と必要に応じて「グループ詳細」を入力し、「グループメンバー」の［アドレス帳］をクリックします。なお、トークからグループを作成する場合、「グループマスター」は作成者になります。

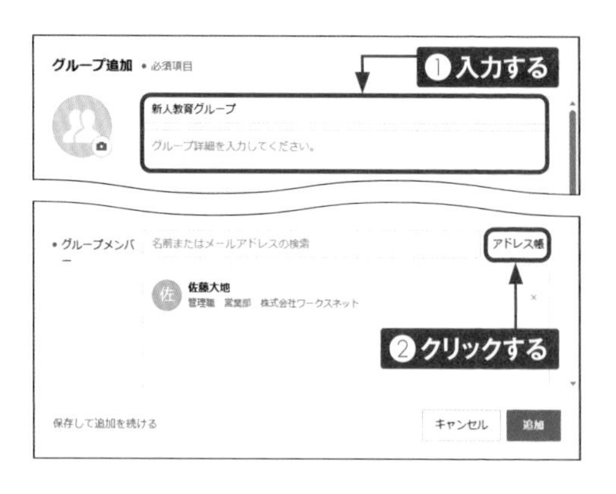

5 「組織図」から任意のチーム（組織）をクリックし、グループに追加したいメンバーの名前のチェックボックスをクリックしてチェックを付け、［OK］をクリックします。

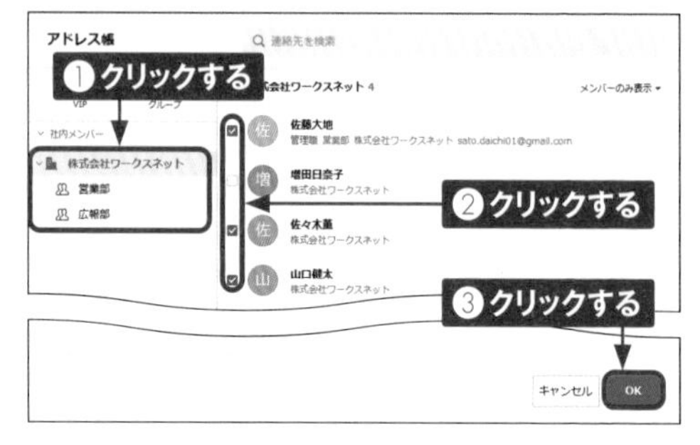

6 必要に応じて「利用する機能」（有料プランのみ）「グループの公開設定」「サービス通知へのお知らせ」を設定し、［追加］をクリックすると、グループが作成されます。「グループ詳細」画面でグループの内容を確認し、問題がなければ［閉じる］をクリックします。

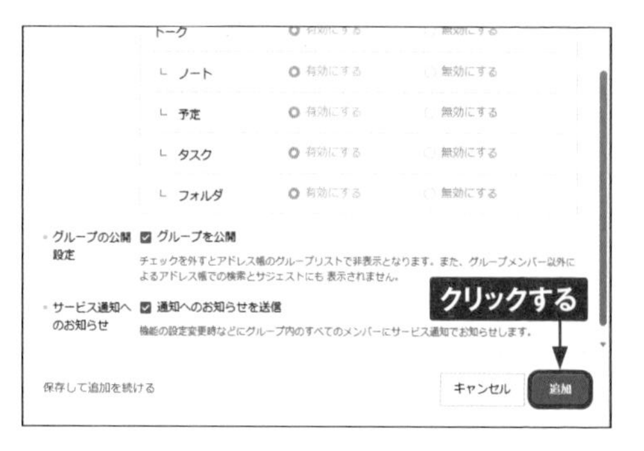

7 グループのトークルームが作成され、グループ名がトークルームリストに表示されます。

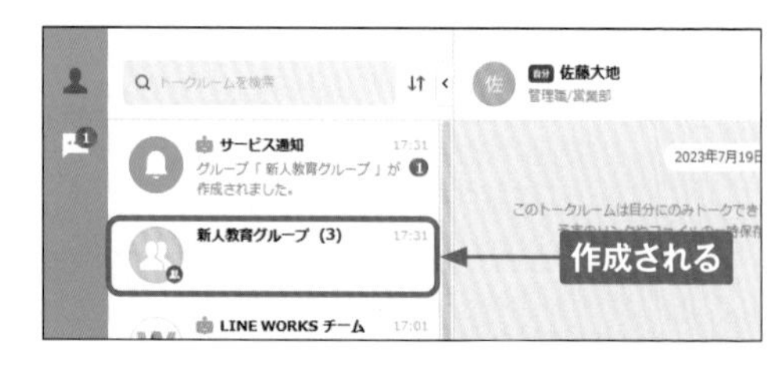

第4章 グループを利用する

●管理者が管理者画面からグループを作成する

1 「LINE WORKS」アプリで、画面左下のメニューからプロフィールアイコンをクリックし、[管理者画面]をクリックします。

2 Webブラウザ版のLINE WORKSが起動し、管理者画面が表示されます。画面左のメニューから[メンバー]をクリックし、[グループ]をクリックします。

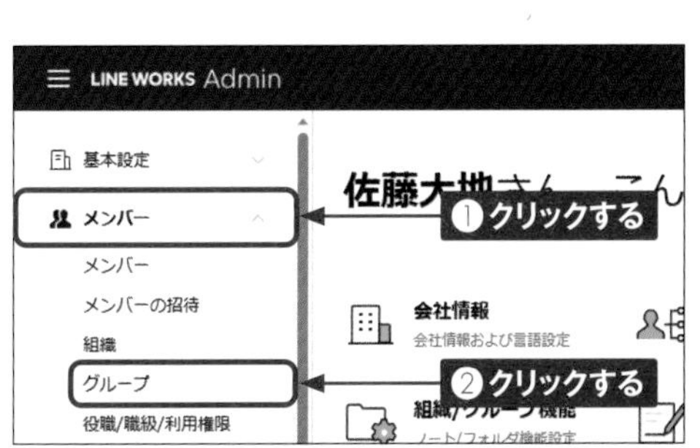

3 画面右の[グループの追加]をクリックし、[グループ]をクリックします。

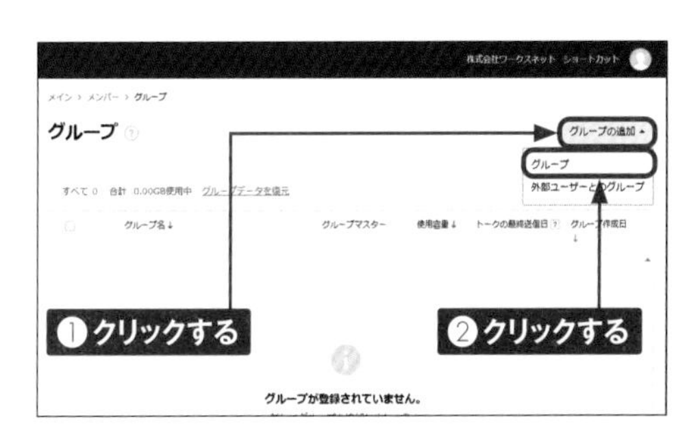

4 「グループ名」と必要に応じて「説明」を入力し、「グループマスター」の[アドレス帳]をクリックします。

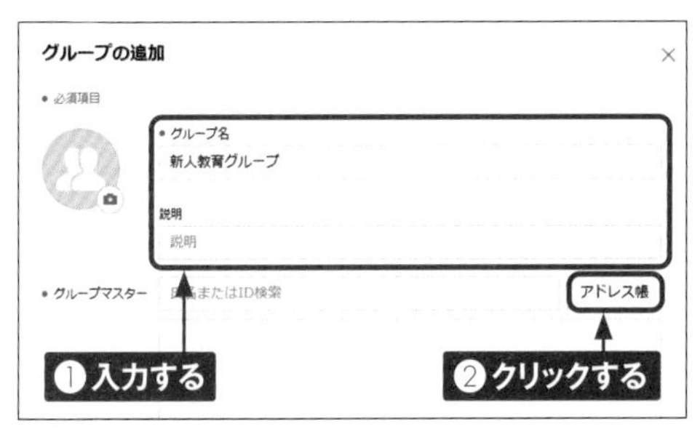

第4章 グループを利用する

5 グループマスターに設定したいメンバーの名前のチェックボックスをクリックしてチェックを付け、［OK］をクリックします。

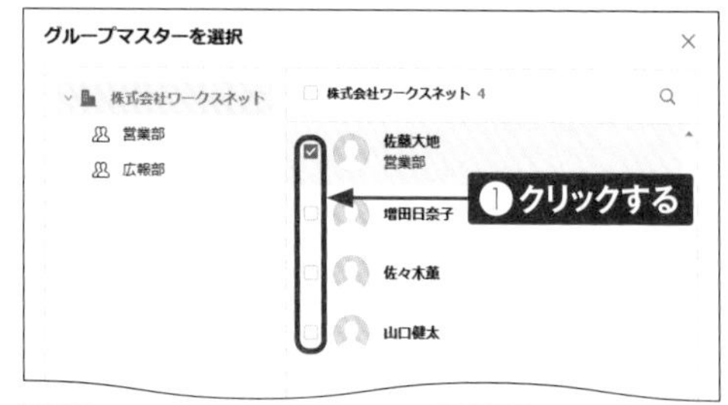

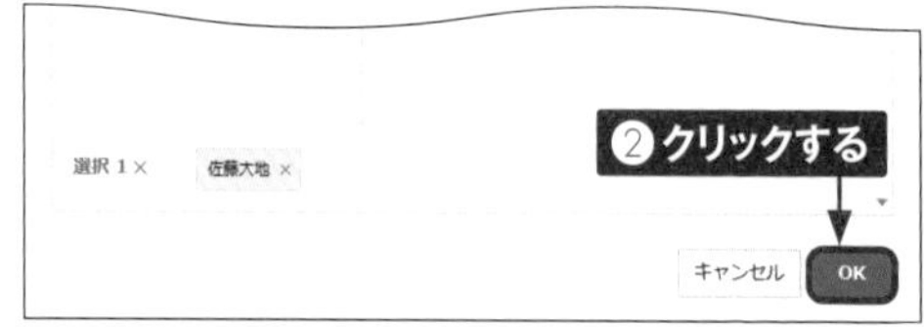

6 「グループマスター」が設定されます。続けて「メンバー」の［アドレス帳］をクリックします。

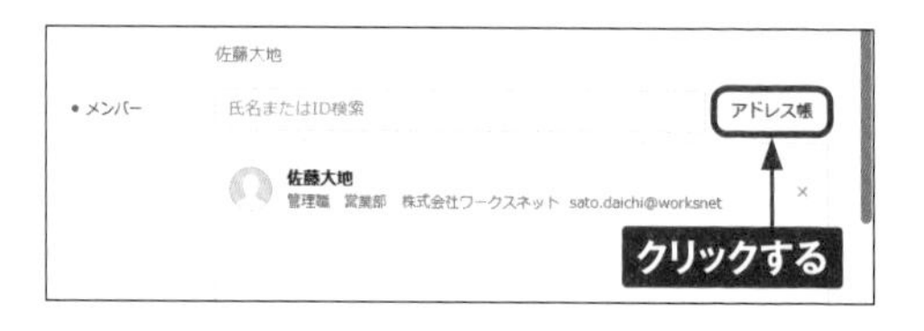

7 グループに追加したいメンバーの名前のチェックボックスをクリックしてチェックを付け、［OK］をクリックします。

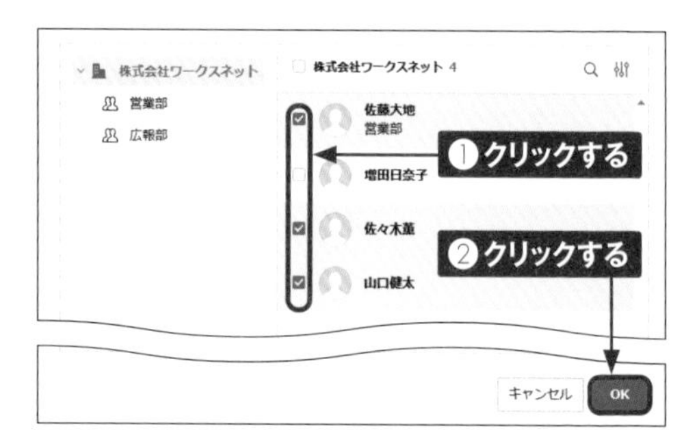

8 必要に応じて「トークルーム機能」（有料プランのみ）「高度な設定」を設定し、［追加］をクリックします。

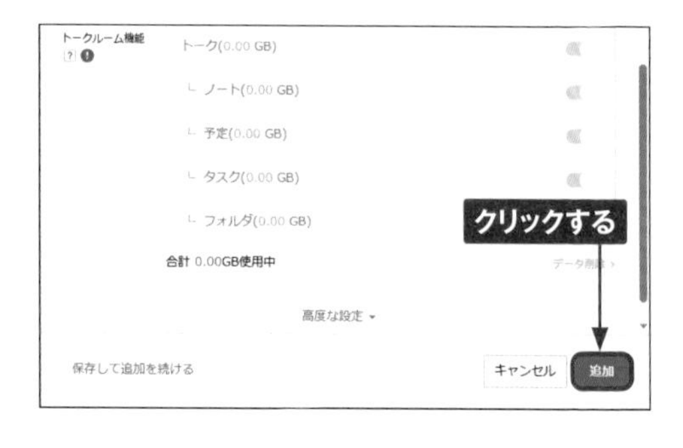

第4章 グループを利用する

9 グループ一覧に作成したグループが表示されていることを確認します。

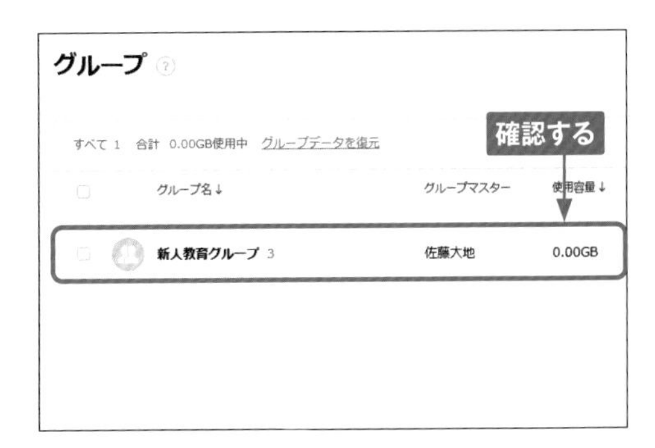

10 グループのトークルームが作成され、グループ名がトークルームリストに表示されます。

Memo Webブラウザ版からグループを作成する

Webブラウザ版のLINE WORKSからグループを作成する場合は、画面上部のメニューからをクリックして［新規作成］→［社内メンバーとトーク］→［グループ］→［グループ作成］の順にクリックします。また、画面上部のメニューからをクリックして［グループ］→［グループ追加］→［グループ追加］の順にクリックすることでも、同様の操作が行えます。

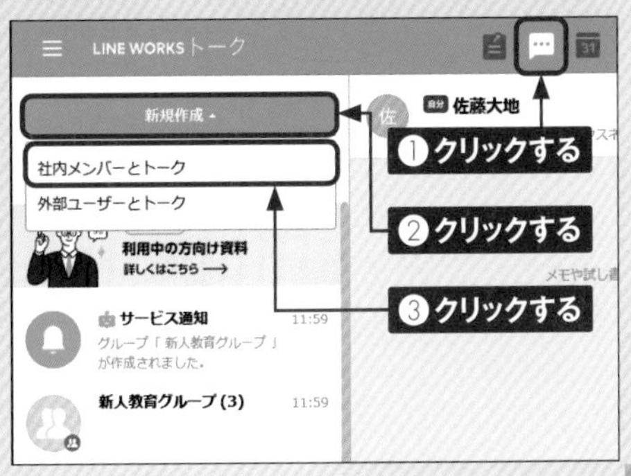

Section 29

グループでメッセージをやり取りする

作成したグループでは、通常のトークルームと同様にメッセージのやり取りを行えます。また、グループのトークルームからは、「ノート」「カレンダー」「フォルダ」「タスク」の機能が利用できるようになります（P.78〜83、100〜108参照）。

グループでメッセージをやり取りする

1 画面左のトークリストから、メッセージを送信したいグループのトークルームをクリックします。

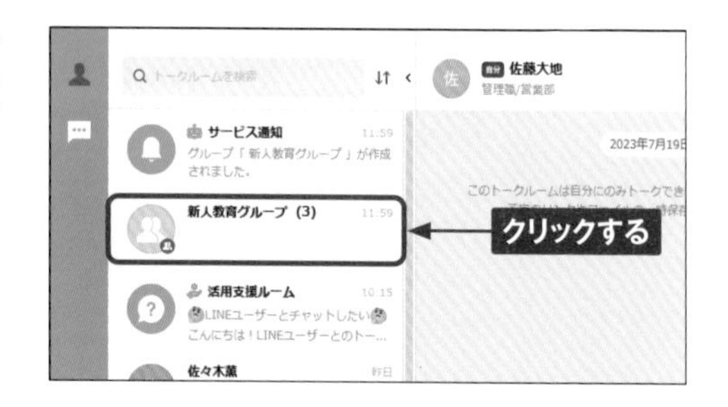

2 画面下部のメッセージ入力欄にメッセージの内容を入力し、Enterを押します。

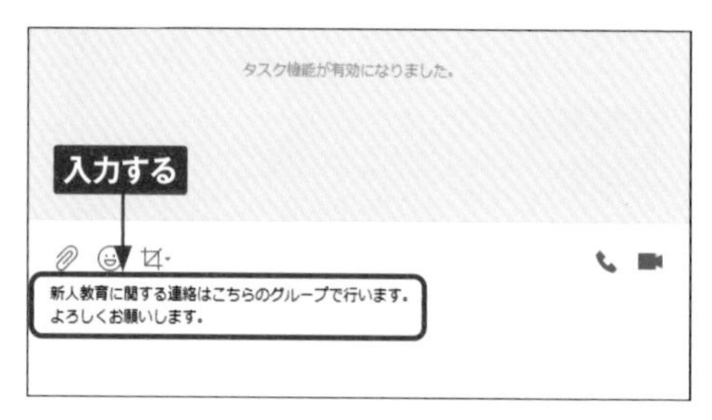

3 メッセージが送信されると、青い吹き出しで画面右側に表示されます。なお、ほかのメンバーからのメッセージは、白い吹き出しで画面左側に表示されます。

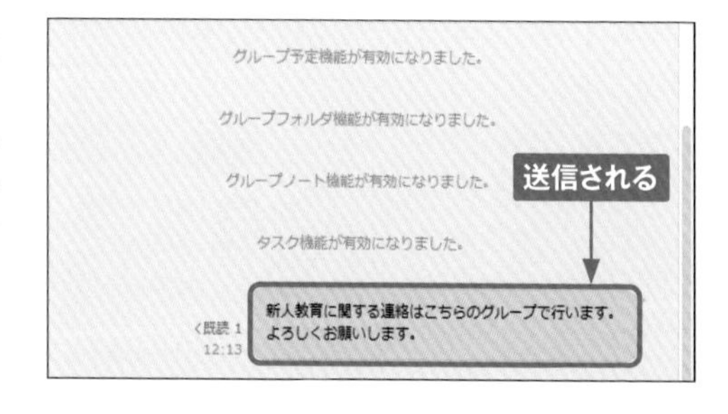

Section 30

特定のメンバーを指定してメッセージを送信する

作成したグループでは、複数人のトークルームと同様に特定の相手を指定してメッセージを送信する「メンション」機能を利用できます。メンバーの多いグループでは誰に向けたメッセージなのかがわかるよう、積極的に活用しましょう。

メンバーを指定してメッセージを送信する

1 画面下部のメッセージ入力欄に半角の「@」を入力すると、メンションー覧が表示されるので、メンションしたいメンバーをクリックします。

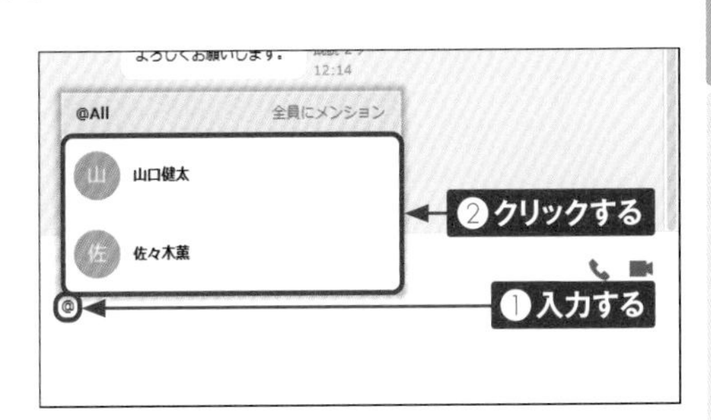

2 メンション相手の名前が青で表示されます。なお、メンションは複数名設定できます。メッセージの内容を入力し、キーボードの Enter を押します。

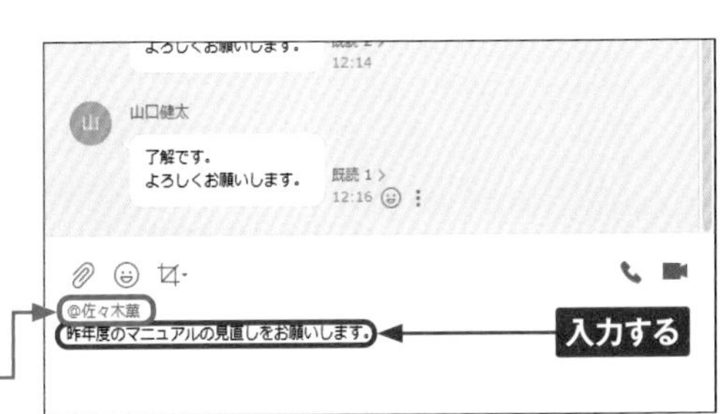

3 メンション付きのメッセージが送信されます。

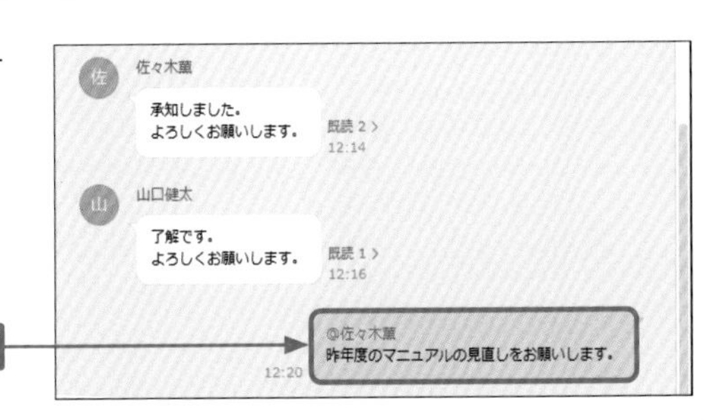

Section 31

特定のメッセージを引用して返信する

グループのトークでは、タイミングによっては「どのメッセージに対する返信なのか」がわかりにくい場合があります。そうした際に役立つのが、「リプライ」機能です。受信元のメッセージを引用して返信することで、やり取りがスムーズになります。

メッセージを引用して返信する

1 引用したいメッセージにマウスポインターを合わせます。吹き出しの右側に表示される ⋮ をクリックし、[リプライ] をクリックします。

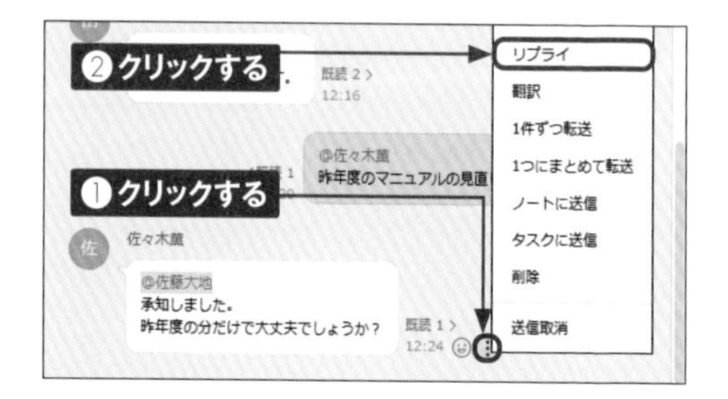

2 対象メッセージが引用されたことを表す矢印が表示されます。返信するメッセージの内容を入力し、Enter を押します。

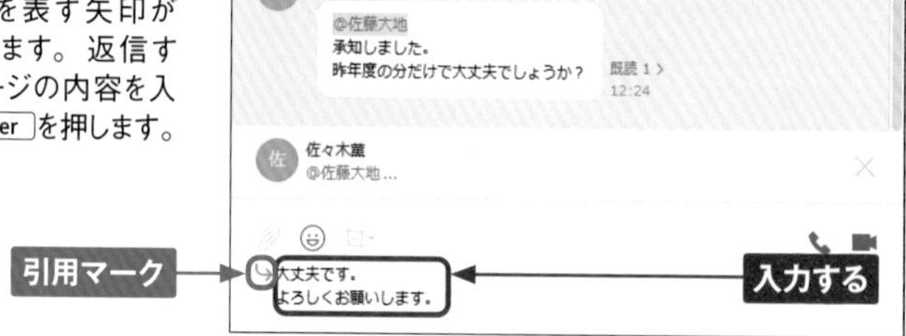

3 メッセージが送信されます。引用元のメッセージをクリックすると、元のメッセージの位置に遷移し、前後のやり取りを確認できます。

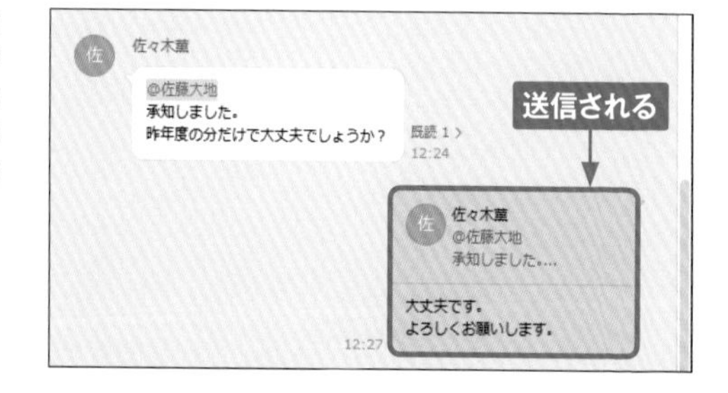

Section 32

メンバーの誰が既読になっているか確認する

グループのトークルームでは、送信したメッセージに対して、メンバーの「既読／未読」の状況を確認できます。LINEとは異なり、既読／未読のメンバーがそれぞれわかるため、未読のメンバーへのアナウンスもしやすくなります。

既読状況を確認する

1 メッセージの左側に表示される［既読］をクリックします。

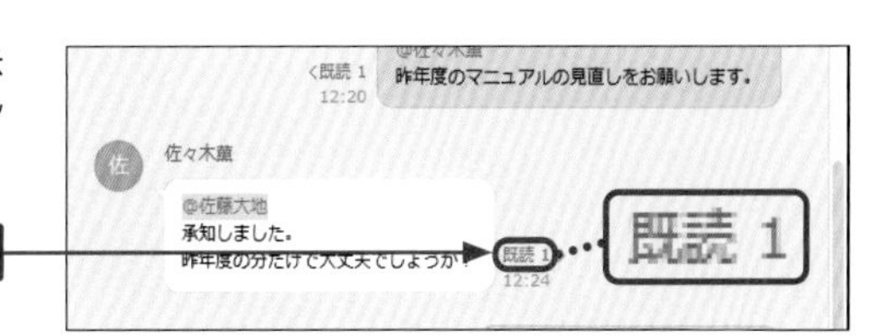

2 「既読」のメンバーを確認できます。

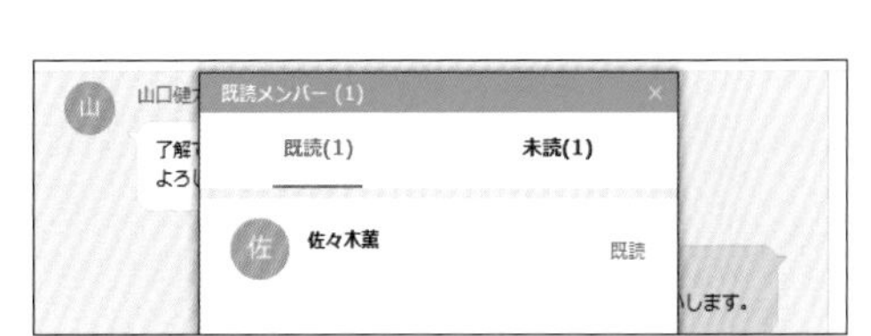

3 ［未読］をクリックすると、「未読」のメンバーを確認できます。「未読」のメンバーへの再通知を行う場合は、「メンション」機能（P.75参照）を活用しましょう。

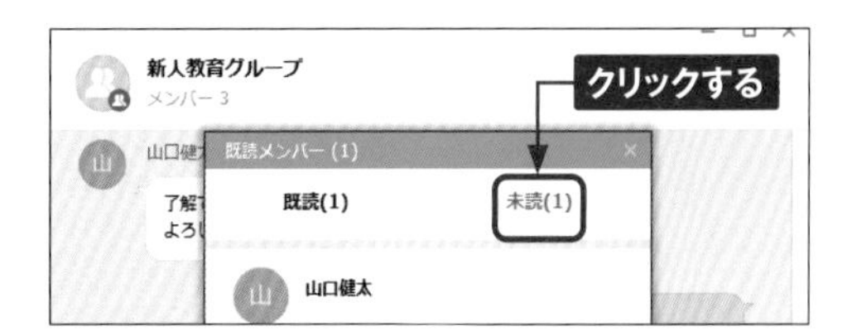

Memo 「既読」機能を無効にする

有料プランの場合、管理者によって「既読」機能をオフにすることができます。なお、LINEユーザーや外部ユーザー（ほかの企業／団体のLINE WORKS利用者）が含まれたトークルームでは既読の数のみ表示され、既読／未読のメンバーの確認はできません。

Section 33

共有したい情報をノートに残す

メッセージのやり取りが増えたり長期間経過したりすると、目的の情報を探しづらくなり、業務効率が低下してしまいます。メンバー全員がよく閲覧する情報は、永久的に残せる「ノート」機能を活用すれば、情報の点在化を防ぐことができます。

ノートを利用する

1 トークルームの右上の▤をクリックします。

2 Webブラウザ版のLINE WORKSが起動し、トークルームの「ノート」画面が表示されます。[投稿の作成] をクリックします。

3 必要な内容を設定・入力し、[投稿] をクリックします。このとき「編集許可」にチェックが付いていると、グループのほかのメンバーも内容を編集できるようになります。

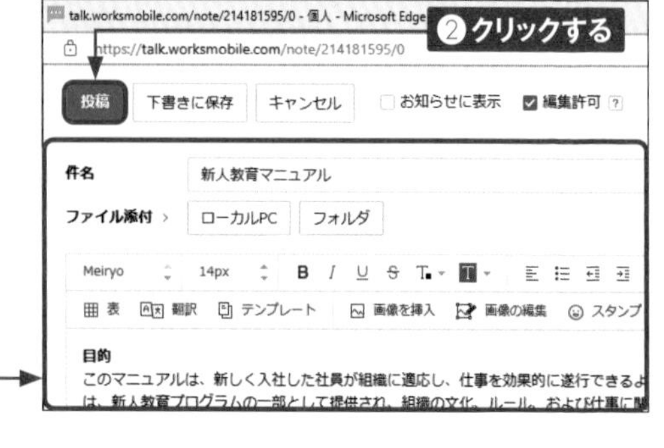

4 「投稿を作成しますか?」画面で、必要であれば「トークルームに通知を送信」のチェックボックスをクリックしてチェックを付け、[OK] をクリックします。

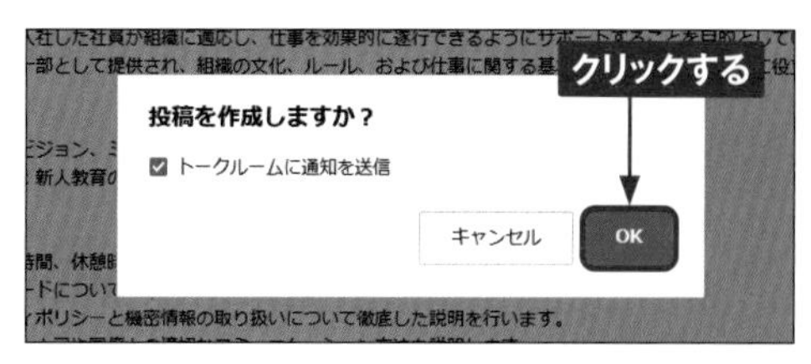

5 ノートが作成されます。画面右上の×をクリックし、画面を閉じます。

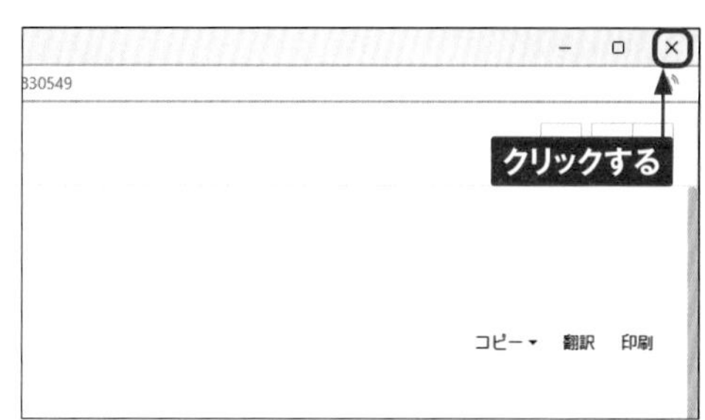

6 「ノート」画面に作成したノートが表示されていることが確認できます。

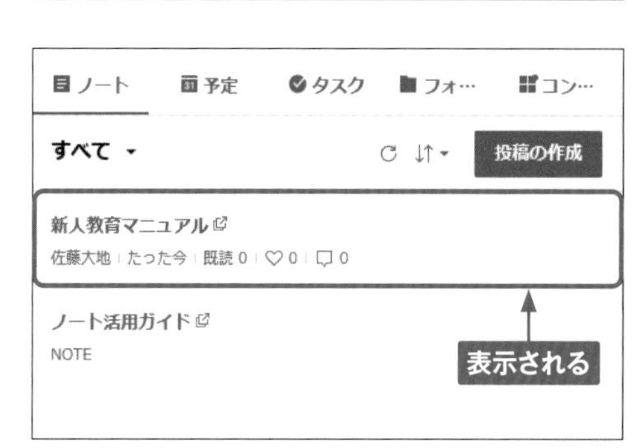

Memo カテゴリーを設定する

「ノート」画面で [すべて] → [カテゴリーがありません。] の順にクリックすると、「おすすめカテゴリー」を追加したり、新しいカテゴリーを作成したりできます。追加または作成したカテゴリーは、ノートの作成時に設定できるようになります。なお、カテゴリーは20個まで登録可能です。

Section 34

グループメンバーで予定を共有する

LINE WORKSのグループでもっともよく利用されるのが、「予定」機能です。グループカレンダーからメンバーと打ち合わせや商談などの予定をすばやく登録・共有できるほか、メンバーのスケジュールの空き状況を見える化させるにも便利です。

グループカレンダーを利用する

1 トークルームの右上の📅をクリックします。

2 Webブラウザ版のLINE WORKSが起動し、トークルームの「予定」画面が表示されるので、[新しい予定] をクリックします。

3 必要な内容を設定・入力し、「参加者」の [アドレス帳]をクリックします。

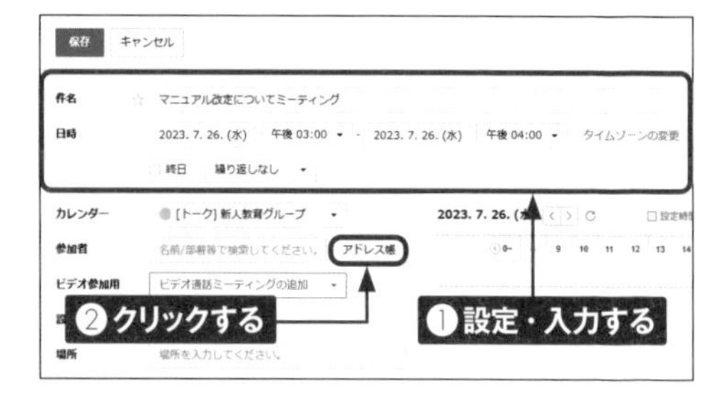

4 ここではグループメンバーに共有するので［グループ］をクリックし、共有したいグループ名のチェックボックスをクリックしてチェックを付けたら、［OK］をクリックします。

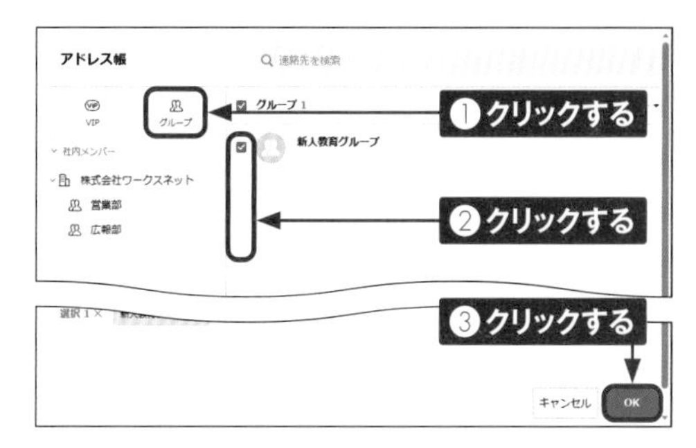

5 そのほかの内容を必要に応じて入力し、［保存］をクリックします。

6 「予定を登録しますか?」画面で、必要であれば「トークルームに通知を送信」のチェックボックスをクリックしてチェックを付け、［OK］をクリックします。

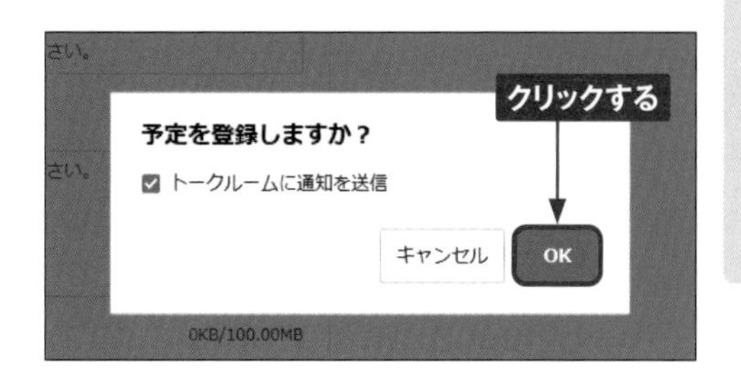

7 「予定」画面に登録した予定が表示されていることが確認できます。予定をクリックすると、詳細が表示されます。

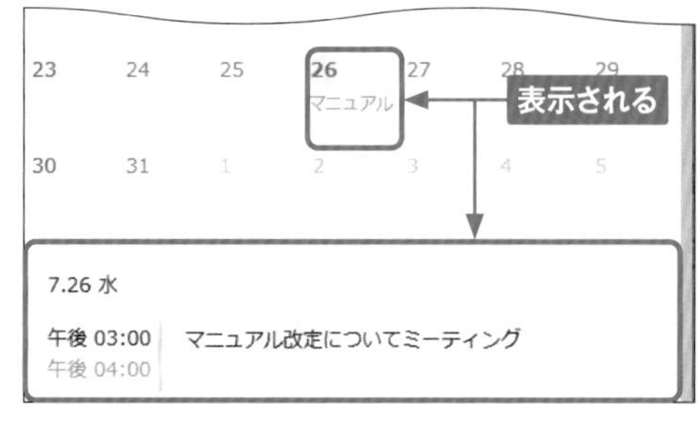

Section 35 フォルダでファイルを共有する

LINE WORKSでは、グループごとに「フォルダ」機能が利用できます。共有したいファイルを更新のたびにトークルームに送信すると、重要な情報が埋もれてしまうだけでなく容量も消費してしまうため、フォルダを積極的に活用しましょう。

フォルダでファイルを共有する

1 トークルームの右上の■をクリックします。

2 Webブラウザ版のLINE WORKSが起動し、トークルームの「フォルダ」画面が表示されます。[新規作成]をクリックし、[新規フォルダ作成]をクリックします。

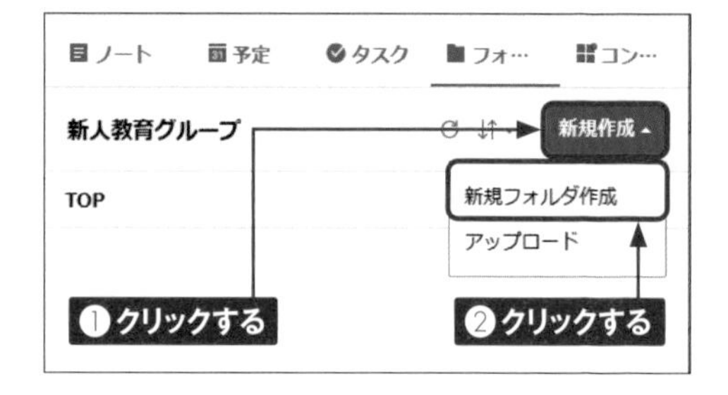

3 任意のフォルダ名を入力します。

4 作成したフォルダ名をクリックして、フォルダを開き、[新規作成]→[アップロード] の順にクリックします。

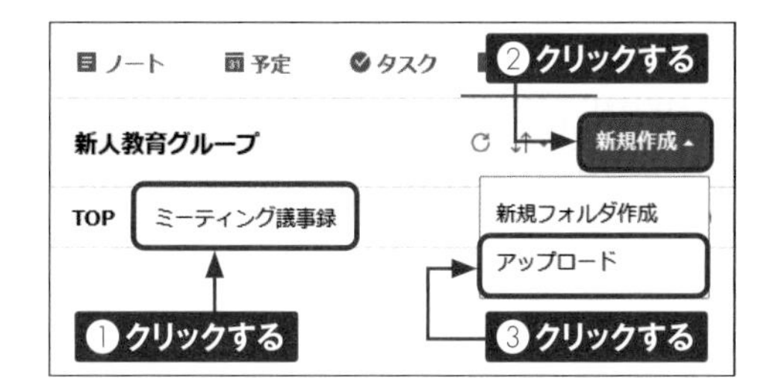

5 アップロードしたいファイルをクリックして選択し、[開く] をクリックします。

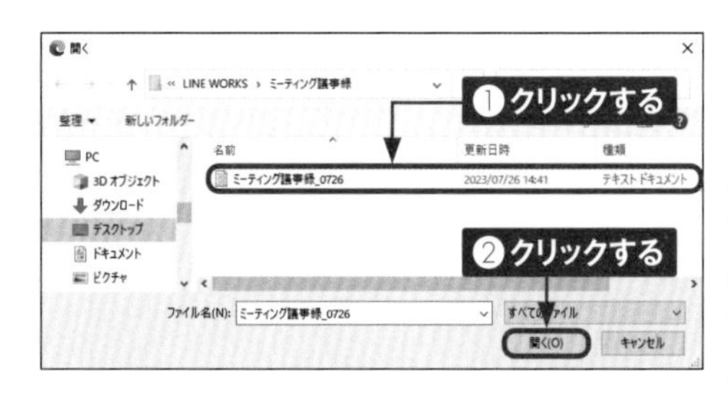

6 「アップロード完了」の表示とともに、フォルダ内にファイルが保存されたことを確認します。フォルダ一覧に戻る場合は、[TOP]をクリックします。

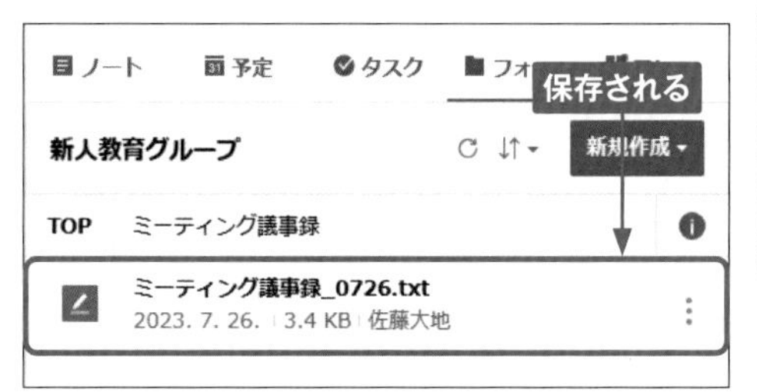

Memo フォルダ内のファイルの操作

フォルダ内のファイルの ⋮ をクリックすると、ファイルに関する操作メニューが表示されます。たとえば、[このトークルームにトークで共有] をクリックするとトークルームにファイル情報が通知され、[詳細情報/更新履歴] をクリックするとファイルの更新者や日時、更新履歴などが確認できます。ファイル名の変更や削除、別フォルダへの移動もこのメニューから操作可能です。

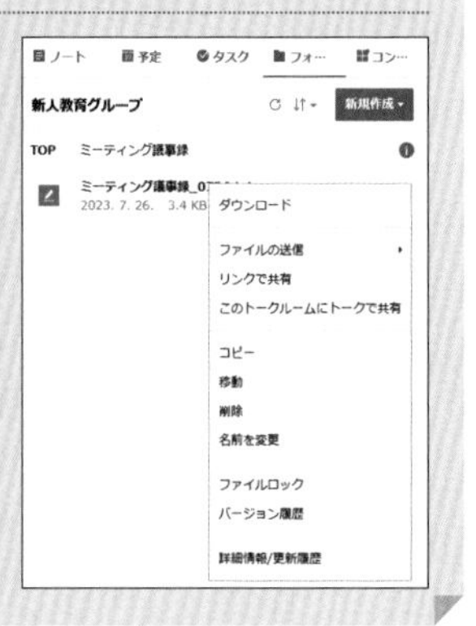

Section 36

グループにメンバーを追加する

グループマスターまたは管理者であれば、グループ情報を編集することができます。あとからグループ名やメンバーを変更するシーンは多く発生するため、操作を覚えておきましょう。

グループマスターがグループにメンバーを追加する

1 任意のグループのトークルームを表示し、画面右上の ⋮ →［グループの管理］の順にクリックします。

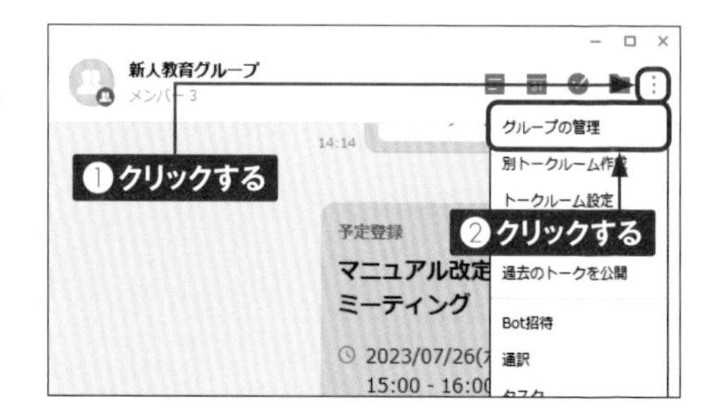

2 Webブラウザ版のLINE WORKSが起動し、「アドレス帳」の「グループ」画面が表示されます。編集したいグループをクリックし、 ⋮ →［グループの修正］の順にクリックします。

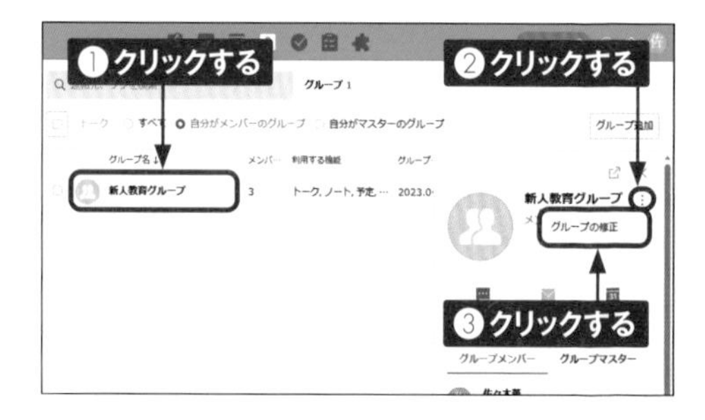

Memo 管理者がグループを編集する

管理者がグループの編集を行う場合は、Webブラウザ版のLINE WORKSの編集画面から行います。P.71手順③の画面を表示し、編集したいグループをクリックして［変更］をクリックすると「グループを修正」画面が表示されるので、P.85やP.85のMemoと同様の操作でメンバーの追加や削除が行えます。

3 必要に応じて編集を行います。ここではメンバーを追加するので、「グループメンバー」の［アドレス帳］をクリックします。

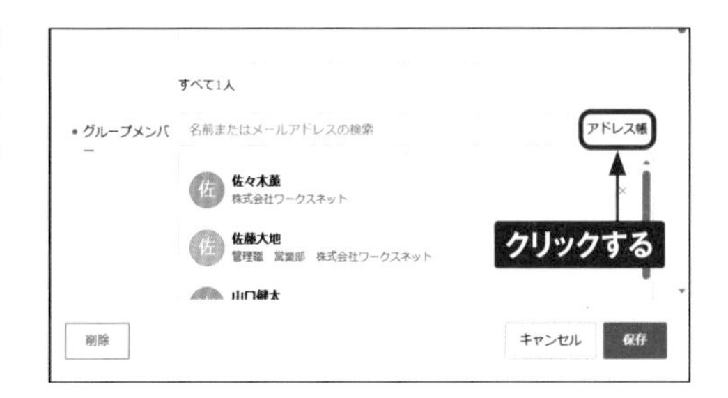

4 グループに追加したいメンバーの名前のチェックボックスをクリックしてチェックを付け、［OK］をクリックします。

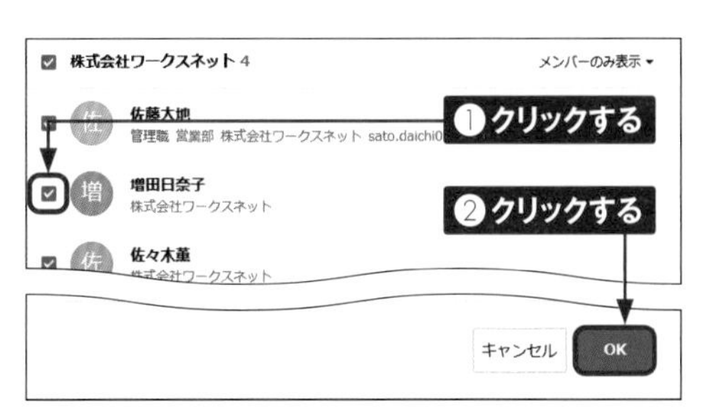

5 編集が完了したら［保存］をクリックし、［閉じる］をクリックします。

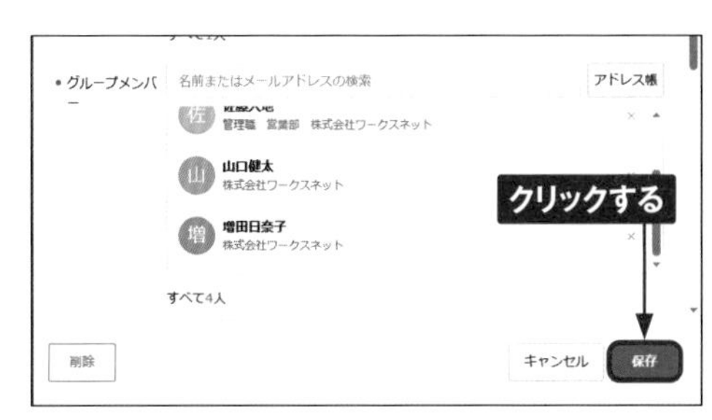

Memo メンバー自らグループを退出することはできない

グループの一般メンバーは自らグループを退出することができないため、管理者またはグループマスターに退出処理を依頼する必要があります。グループマスターが誰かわからない場合は、グループアイコンをクリックすると表示されるグループ詳細画面から確認しましょう。表示されるメンバー一覧で、名前の右側にMのアイコンが付いているメンバーがグループマスターです。グループマスターは、手順③の画面でグループから退出させたいメンバーの右にある×をクリックし、［保存］をクリックするとメンバーを退出させることができます。

Section 37

グループを削除する

使用しなくなったグループや間違えて作成してしまったグループは、グループマスターまたは管理者であれば削除できます。グループの削除と同時にトークやファイルなどすべて消去されてしまうため、必要なデータはあらかじめ保存しておきましょう。

グループマスターがグループを削除する

1 P.84手順①～②を参考に「グループの修正」画面を表示し、画面左下の［削除］をクリックします。

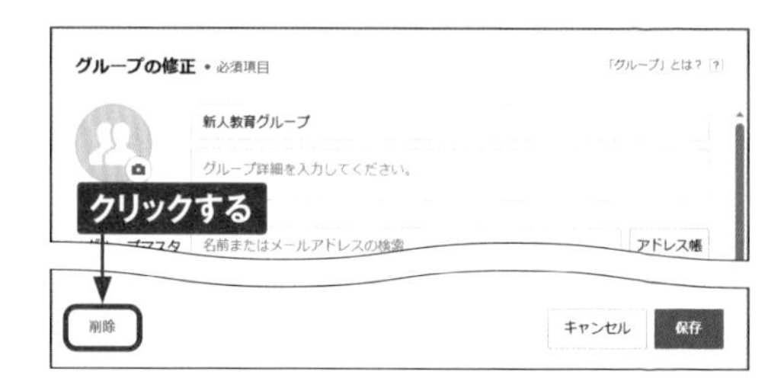

2 「○○ グループを削除しますか?」画面が表示されます。メッセージを確認し、問題がなければチェックボックスをクリックしてチェックを付け、［削除］をクリックします。

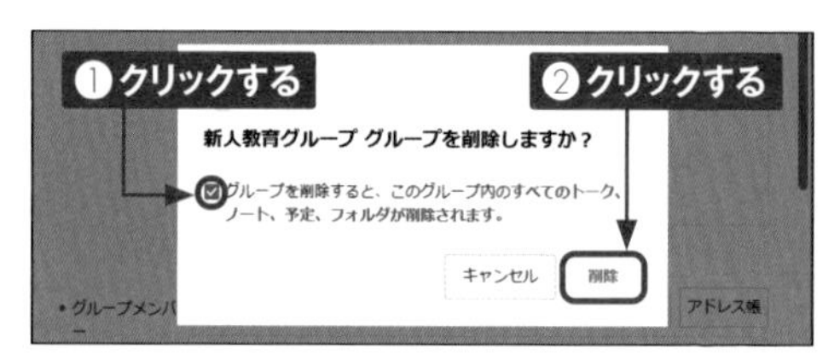

3 グループの削除が完了します。［OK］をクリックします。

Memo 管理者がグループを削除する

管理者がグループを削除するには、P.71手順③の画面を表示し、編集したいグループをクリックして［グループを削除］をクリックします。

第5章

予定やタスクを管理する

Section 38

カレンダーを利用する

LINE WORKSの「カレンダー」機能は、個人はもちろんチームやグループごと、それ以外にも共有カレンダーを自由に作成できます。大きく3種類あるカレンダーのそれぞれの特長を把握して、スマートに使いこなしていきましょう。

カレンダーでできること

LINE WORKSのカレンダーでは、予定に関するさまざまな操作を行えます。自分の予定はもちろん、ほかのメンバーの予定も一緒に管理できるため、打ち合わせなどの日時もスムーズに調整することが可能です。予定を登録する際にはその内容だけでなく、場所や参加者、ファイルの添付、メモの記載などもできるため、カレンダーとは別に詳細情報をまとめたり、ほかのメンバーに追加連絡したりする手間が省けます。

予定の登録

「件名」「日時」「場所」「参加者」「メモ」「ファイル」などの情報を追加して予定を登録できます。

メンバーの予定の把握

カレンダーの表示を「メンバー予定表」に切り替えると、ほかのメンバーの予定を一目で把握できます。また、所属部署メンバーだけでなく、他部署メンバーの予定も名前や担当業務で検索して確認することが可能です。

空き時間の把握

複数人の参加が必要な予定を登録する際、「空き時間を確認する」機能を利用することでメンバーが参加可能な時間が自動で表示されるので、スムーズに予定を調整できます。

会議室・設備の予約

会議室や営業車両などの設備を追加しておくと、利用状況を確認したり予約したりすることができます。

カレンダーの種類

LINE WORKSのカレンダーには、「マイカレンダー」「会社カレンダー」「トークルームカレンダー」の3つがあり、「カレンダー」画面左に並んで表示されます。
「マイカレンダー」には、既定で作成される「基本カレンダー」、自分が作成してほかのメンバーに共有した（またはほかのメンバーから共有された）「共有カレンダー」、期限が設定されたタスクが表示される「タスク」の3つが表示されます。
「会社カレンダー」は、管理者が管理するカレンダーで、管理者以外の予定の登録や編集は行えません。管理者が会社カレンダーの利用を設定すると表示されます（P.148参照）。
「トークルームカレンダー」は、チームやグループのメンバーが予定を共有するためのカレンダーで、所属するメンバーは誰でも予定の登録や編集が行えます。なお、トークルームカレンダーを表示するには、各トークルームの「予定」の設定から「カレンダーでも表示」を有効にするか、「環境設定」画面から各カレンダーの表示を有効にする必要があります（P.108参照）。

●カレンダー画面

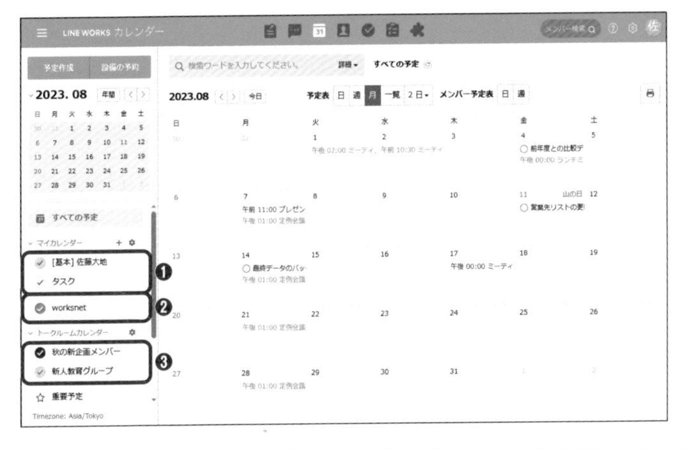

カレンダー名		用途
❶マイカレンダー	基本カレンダー	LINE WORKSの利用者1人1人に表示される既定のカレンダー
	共有カレンダー	自分が作成してほかのメンバーに共有したカレンダー、またはほかのメンバーから共有されたカレンダー
	タスク	期限が設定されたタスクが表示されるカレンダー
❷会社カレンダー		企業／団体全体で予定を管理するためのカレンダー
❸トークルームカレンダー		複数人やチーム／グループのトークルームのメンバーが予定を共有するためのカレンダー

Section 39

予定を登録する

自分のカレンダー、またはグループのカレンダーに予定を登録できます。また、トークルームのメッセージを引用して予定を登録することも可能です。日時以外の情報も記載できるため、必要な項目はすべて設定しておきましょう。

予定を登録する

1 「LINE WORKS」アプリで、画面左のメニューからをクリックします。

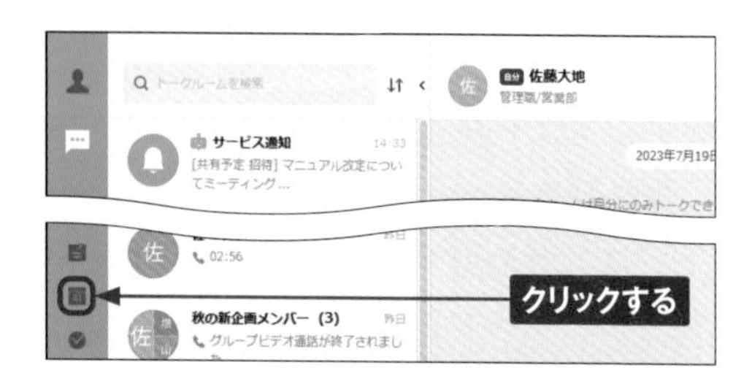

2 Webブラウザ版のLINE WORKSが起動し、「カレンダー」画面が表示されます。画面左上の［予定作成］をクリックします。

Memo 日付から予定を登録する

手順②の画面で［予定作成］ではなく、予定を登録したいカレンダーの日付をクリックすると、その日付が反映された状態で予定作成画面を表示することができます。

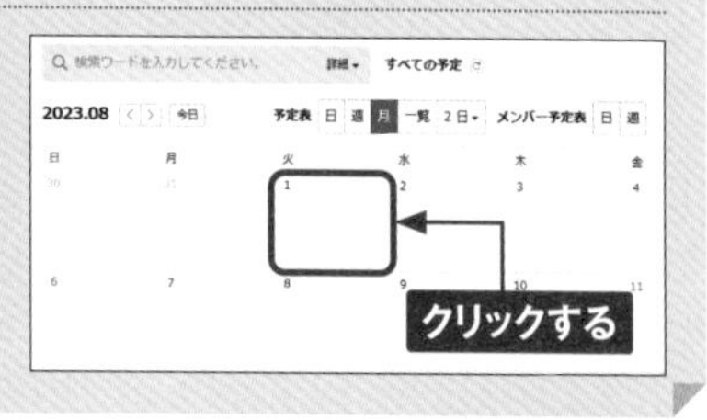

3 予定の「件名」「日時」など、必要な情報を入力・設定します。

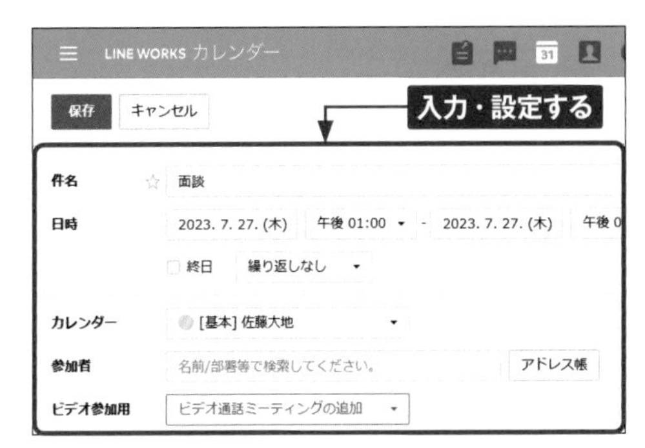

4 すべて入力が完了したら、［保存］をクリックします。

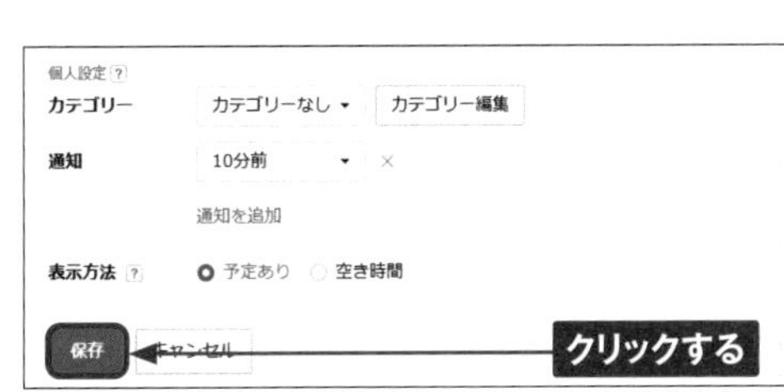

5 カレンダーに予定が登録されます。

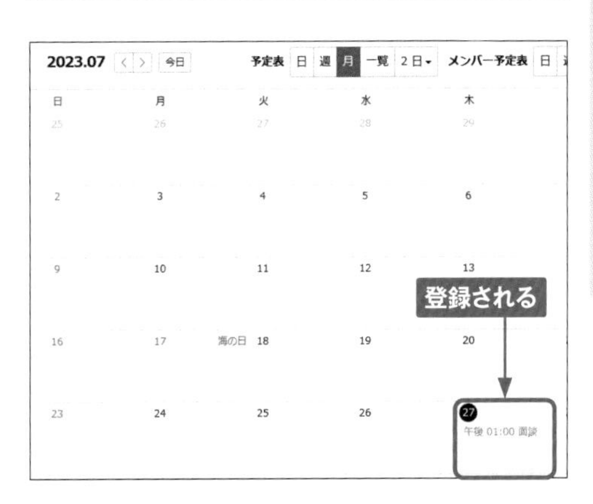

Memo グループの予定を登録する

グループの予定を登録する場合は、手順③の画面で「カレンダー」をグループのカレンダーに設定するか、そのグループのトークルームで画面右上の📅をクリックして［新しい予定］をクリックします。

Section 40

繰り返しの予定を登録する

毎週（毎月）決まった曜日や時間に実施される予定は、1つ1つ登録するとなると大変です。LINE WORKSのカレンダーでは、繰り返し登録が必要となる予定を細かく条件指定して、先々までの予定を一括登録することができます。

繰り返しの予定を登録する

1 P.90手順①〜②を参考に予定作成画面を表示します。「日時」の[繰り返しなし]をクリックし、希望する繰り返しルール（ここでは[詳細設定]）をクリックします。

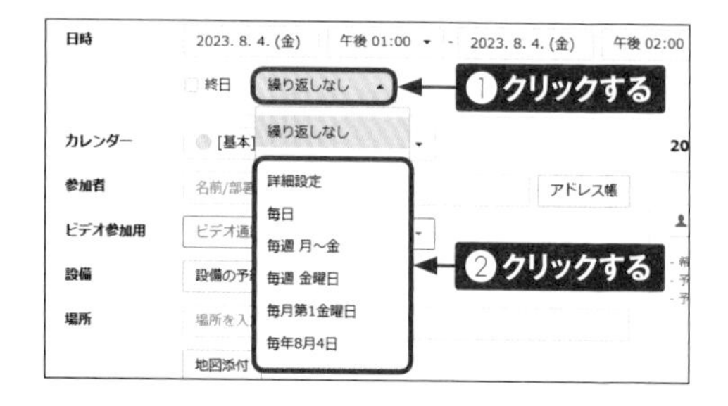

2 「繰り返し間隔」と「終了日」を設定します。「終了日」を「あり」に設定するとカレンダーが表示され、繰り返し予定の終了日を指定できます。ここでは「毎週」「月曜日」に設定し、[OK]をクリックします。

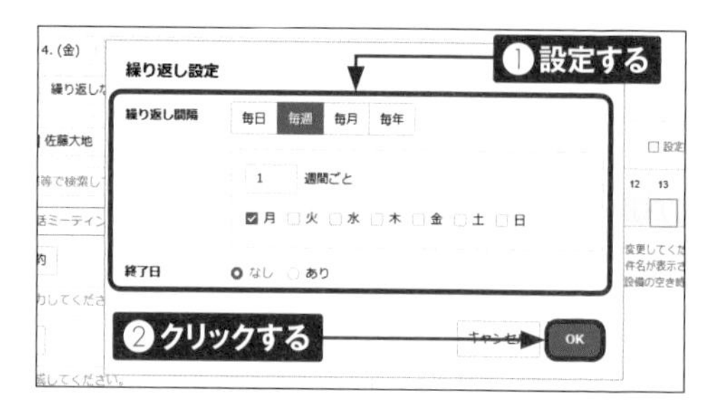

3 そのほかの項目を入力・設定し、[保存]をクリックすると、指定した間隔で予定が登録されます。

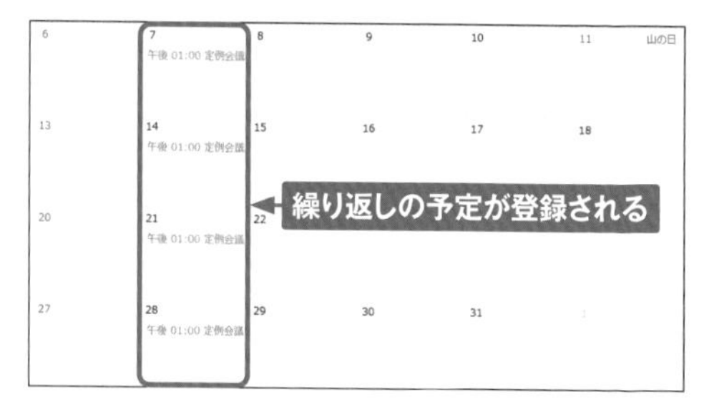

Section 41

共有施設・設備の予約管理を行う

会議室や社用車の予約管理が不十分だと、ダブルブッキングが起こってしまうことがあります。そういったトラブルを回避できるよう、予定の登録と同時に共有施設・設備の使用予約も行えるようになっています（P.149Memo参照）。

共有施設・設備の予約管理を行う

1 P.90手順①を参考に「カレンダー」画面を表示し、[設備の予約]をクリックします。

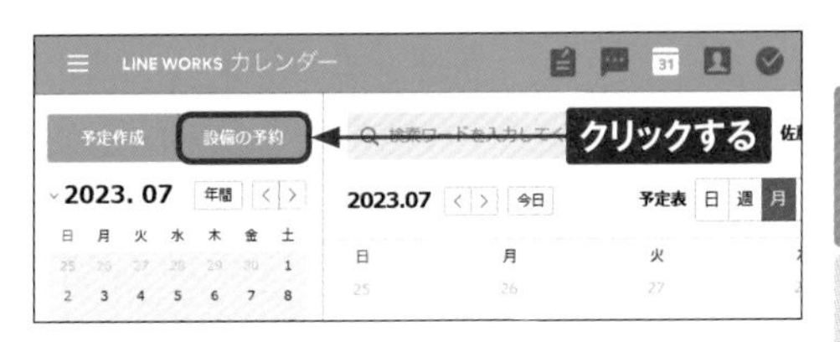

2 ここでは「会議室A」を予約します。「会議室A」の予約したい時間付近をクリックします。なお、施設・設備の登録は管理者のみが行えます。

3 手順②でクリックした時間帯がセットされた予約画面が立ち上がります。「件名」「カレンダー」「参加者」などを入力・設定し、[保存]をクリックします。

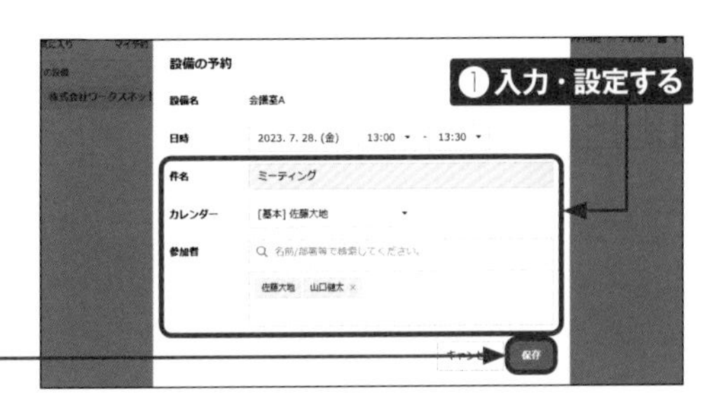

4 予約した時間帯が青く表示されます。

Section 42

予定を確認する

自分の予定はもちろん、メンバーの予定や共有されているカレンダーをすばやく確認することができます。また、特定のカレンダーの表示／非表示をすみやかに切り替えることもできるため、大事な予定を見逃しません。

予定を確認する

1 P.90手順①を参考に「カレンダー」画面を表示し、確認したい予定をクリックします。

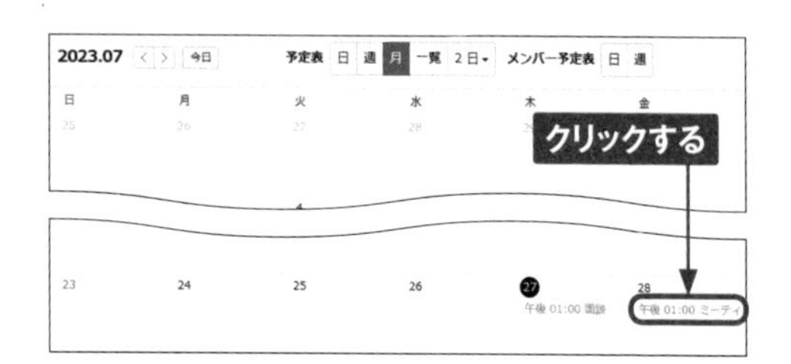

2 予定の内容が表示されます。［削除］をクリックすると予定を削除でき、［詳細情報］をクリックすると予定を編集できます。

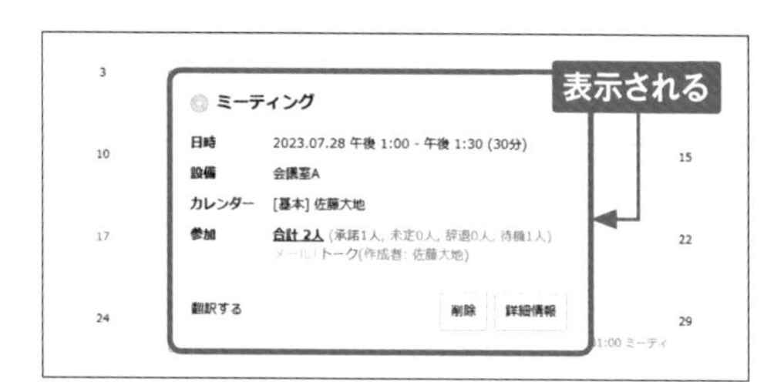

Memo カレンダーの表示

カレンダーの表示が「メンバー予定表」になっている場合は、「予定表」のいずれかの項目をクリックして、カレンダー全体が確認できるようにしましょう。「予定表」の表示は、「日」「週」「月」「一覧」「2日」から選択できます。

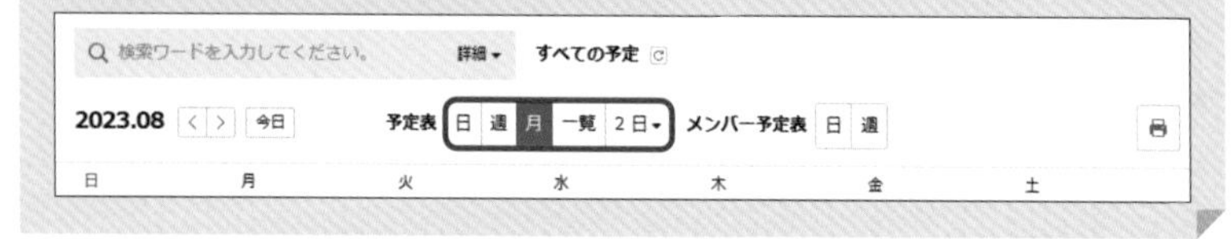

メンバーの予定を確認する

1 チーム／グループのカレンダーからは、「日」「週」別にメンバーの予定が確認できます。「メンバー予定表」のいずれかの表示（ここでは[週]）をクリックします。

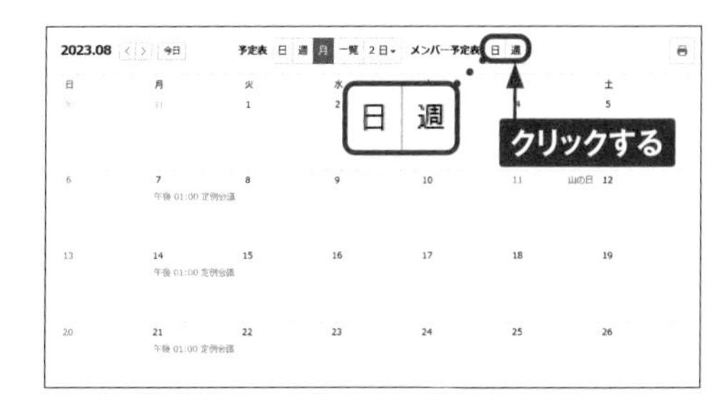

2 チーム／グループのメンバーの予定が表示されます。他チーム（組織）の予定を確認したい場合は、画面左の［他の組織の予定を見る］をクリックし、組織図から任意のチーム（組織）をクリックします。

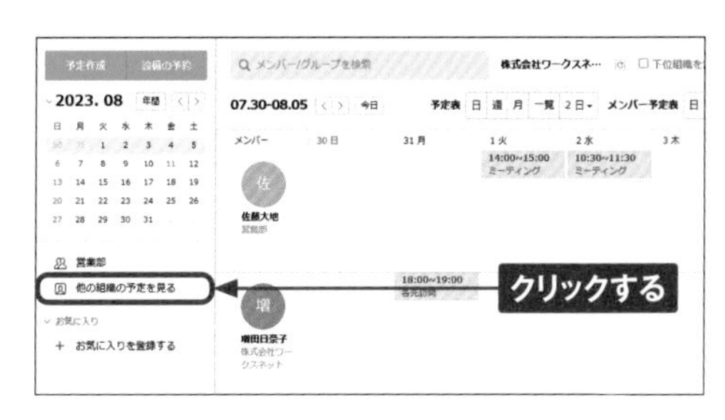

特定のカレンダーの予定のみ非表示にする

1 「予定表」表示で、非表示にしたいカレンダーのチェックマークをクリックしてチェックを外します。

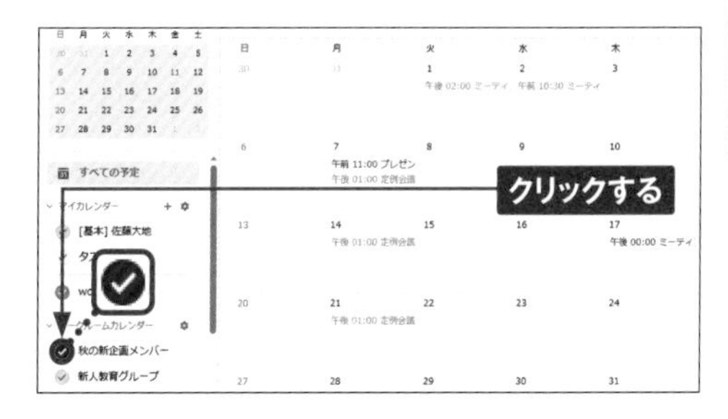

2 チェックを外したカレンダーが非表示になります。

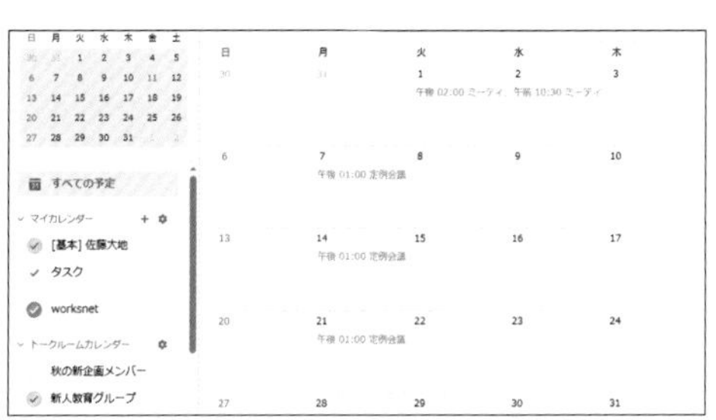

Section 43

予定に招待する

予定を登録する際は、「参加者」を設定できます。たとえば「3日間行われる研修のうち、1日参加しなければならない」予定の場合、参加の可否を選択してもらうことで、日にちごとの参加可能メンバーを容易に把握できるようになります。

予定に招待する

1 P.90手順①～②を参考に予定作成画面を表示します。「件名」「日時」などを入力し、「参加者」の［アドレス帳］をクリックします。

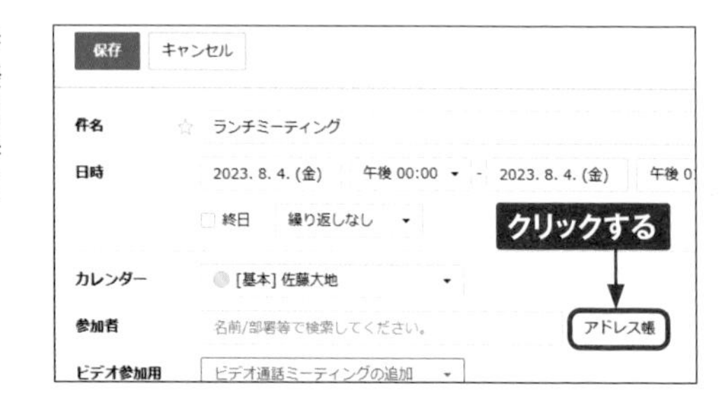

2 予定に招待したいメンバーの名前のチェックボックスをクリックしてチェックを付け、［OK］をクリックします。

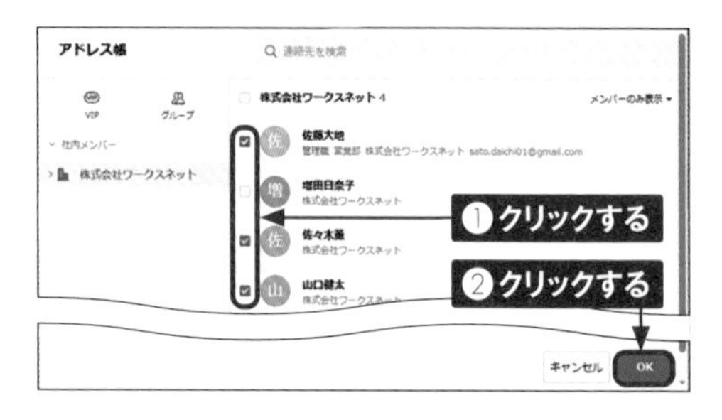

3 メンバーが追加されます。このとき、画面右の［空き時間を確認する］をクリックすると、参加者に追加したメンバーの空き状況を確認できます。そのほかの必要な情報を入力し、［保存］→［OK］の順にクリックします。

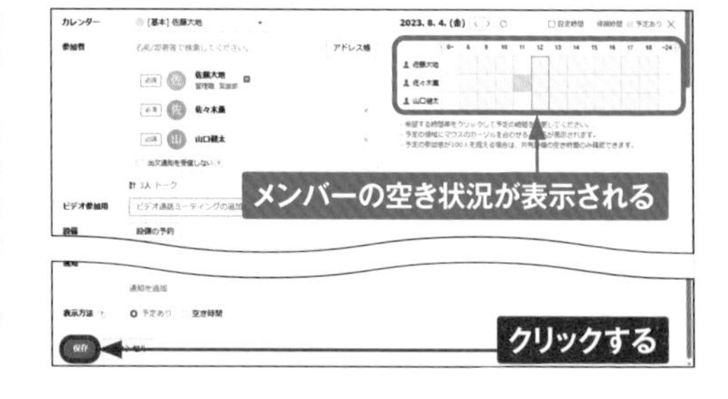

第5章 予定やタスクを管理する

4 予定に招待されたメンバーは通知からカレンダーを確認し、[承諾][未定][辞退]のいずれかの回答をクリックします。

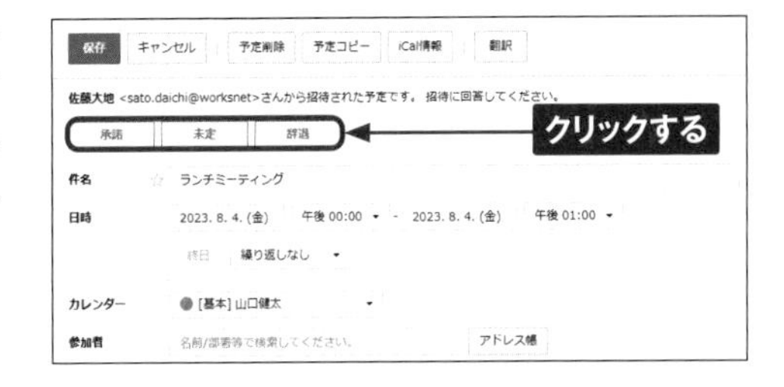

5 カレンダーで登録した予定をクリックし、「参加」の[合計○人]をクリックします。

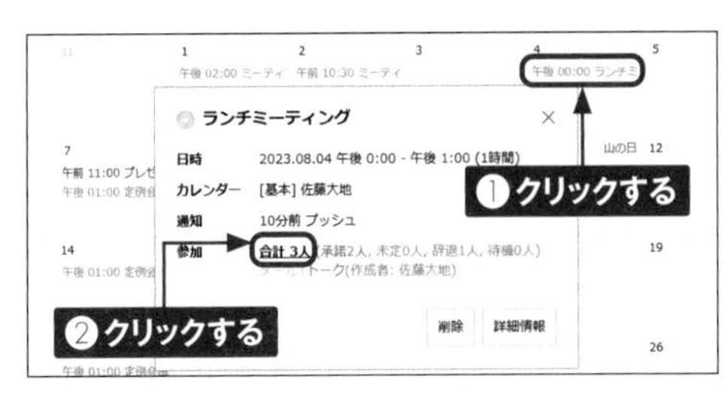

6 招待したメンバーの参加状況を確認できます。

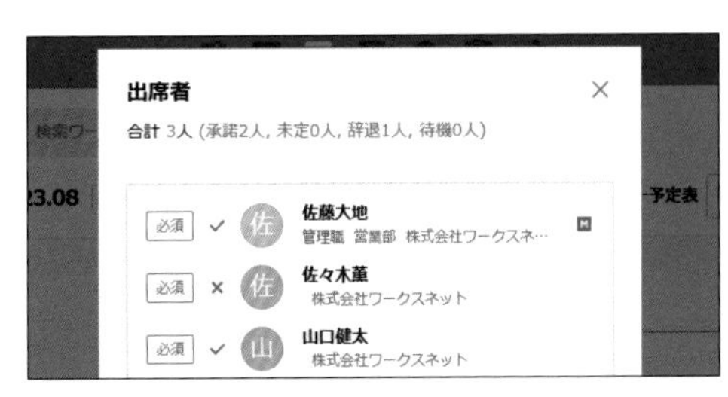

Memo そのほかの招待方法

特定の1人のメンバーを予定に招待する場合は、Webブラウザ版のLINE WORKSでそのメンバーとのトークルームを表示し、画面左上のプロフィールアイコンをクリック、または画面右上の…をクリックして、[予定招待]をクリックします。

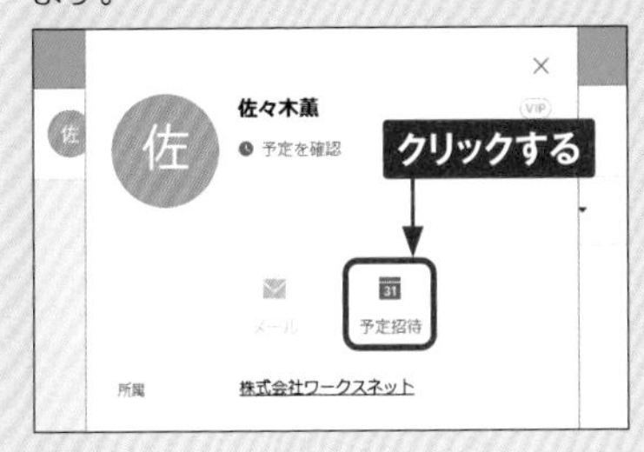

Section 44

カレンダーを共有する

LINE WORKSのカレンダーは、チーム（組織）やグループのメンバーではないユーザーとも共有することができます。共有したカレンダーまたは共有されたカレンダーは、「マイカレンダー」に表示されます。

カレンダーを共有する

1 P.90手順①を参考に「カレンダー」画面を表示し、「予定表」表示の「マイカレンダー」から共有したいカレンダーにマウスポインターを合わせ、⋮をクリックします。

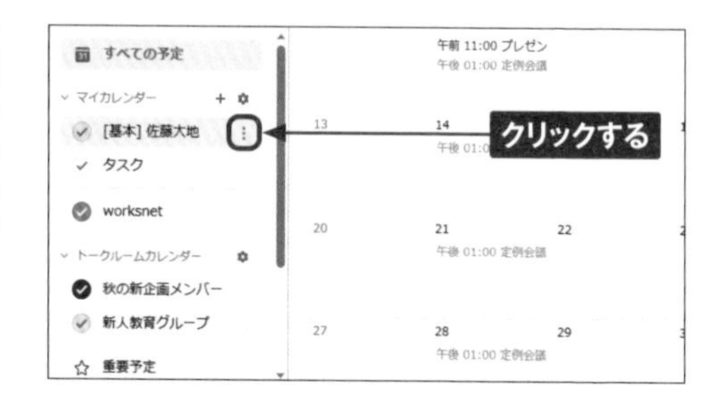

2 ［カレンダー設定］をクリックします。

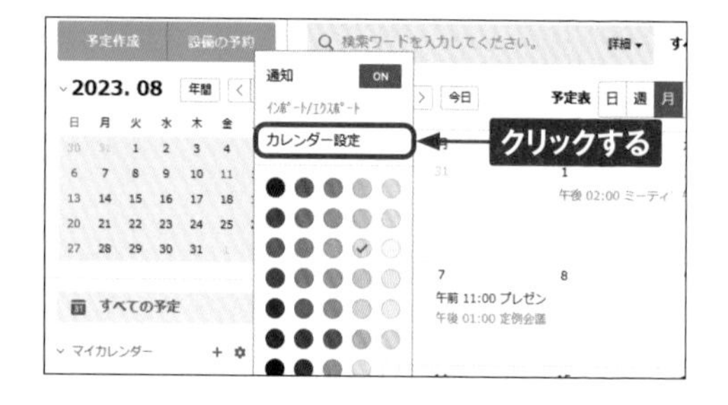

3 「カレンダーの共有」に共有したいユーザーの名前を入力し、表示される候補から該当する名前をクリックします。

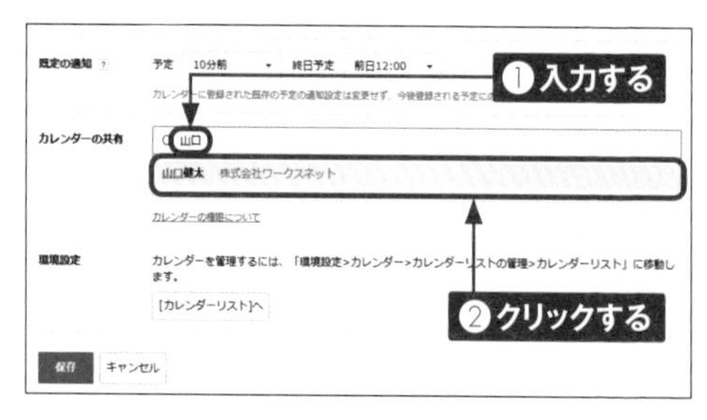

4 ユーザーが追加されていることを確認し、[予定の管理]をクリックして、予定の共有方法(ここでは[予定の詳細の閲覧])をクリックします。

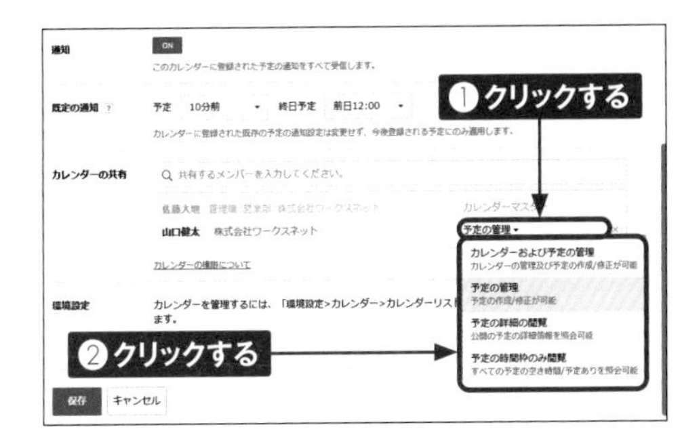

5 設定が完了したら、[保存]をクリックします。

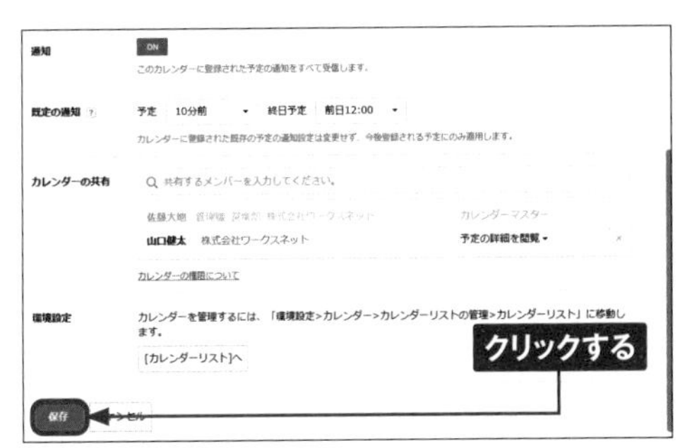

6 カレンダーを共有されたユーザーは、「マイカレンダー」からカレンダーを確認できます。

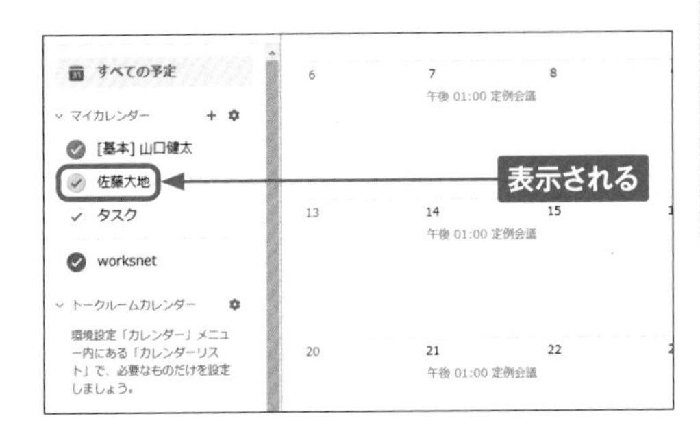

Memo カレンダーの権限

共有カレンダーの権限には、カレンダーの管理(招待、権限付与など)や予定の管理(予定の登録や編集など)といったすべての操作を行える「カレンダーおよび予定の管理」、予定の管理が行える「予定の管理」、予定の詳細情報の確認ができる「予定の詳細の閲覧」、予定の時間枠が確認ができる「予定の時間枠のみ閲覧」の4つがあります。権限は1人1人に付与できるので、共有相手のポジションや業務内容に合わせて設定しましょう。

Section 45

タスクを登録する

LINE WORKSの「タスク」機能では、自分またはチーム／グループのメンバーの業務を共有したり管理したりすることができます。タスクは1から登録することはもちろん、トークルームのメッセージを引用して登録することも可能です。

タスクの種類

仕事をするうえで、タスクは必ず発生するものです。メッセージを移動時間に読んだため、依頼がきたことを忘れてしまったり、ちょっとした依頼だからすぐに対応しようと思ったものの、電話対応してつい忘れてしまったり、ということはよくあります。そういった事態を防ぐために、「タスク」機能を利用して、必要な業務の登録と管理を行いましょう。
タスクは新規登録のほかに、メッセージの流れからの登録も可能です。メッセージから登録したタスクは、その前後のやり取りに移動することもできるため、一時的に登録したとしても、あとから内容を思い出しやすくなっています。
タスクには、「マイタスク」と「トークルームのタスク」の2種類があります。マイタスクでは自分が担当者として指定されたタスクやほかのメンバーに依頼したタスク、トークルームのタスクでは複数人のトークルームやチーム／グループのトークルーム別で共有したタスクを確認できます。なお、トークルームのタスクを表示するには、各トークルームの「タスク」の設定から「タスク画面のリストに表示」を有効にする必要があります（P.108参照）。

タスク画面

タスクを登録する

1 「LINE WORKS」アプリで、画面左のメニューからをクリックします。

2 Webブラウザ版のLINE WORKSが起動し、「タスク」画面が表示されます。画面左上の［タスク作成］をクリックします。

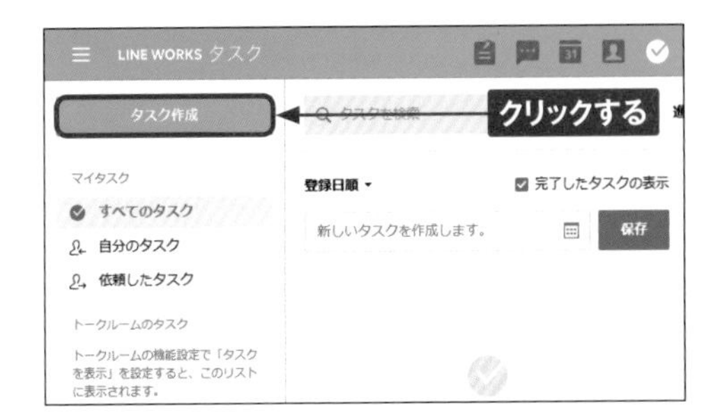

3 「タスク内容」「期限」などを入力・設定し、［保存］をクリックします。

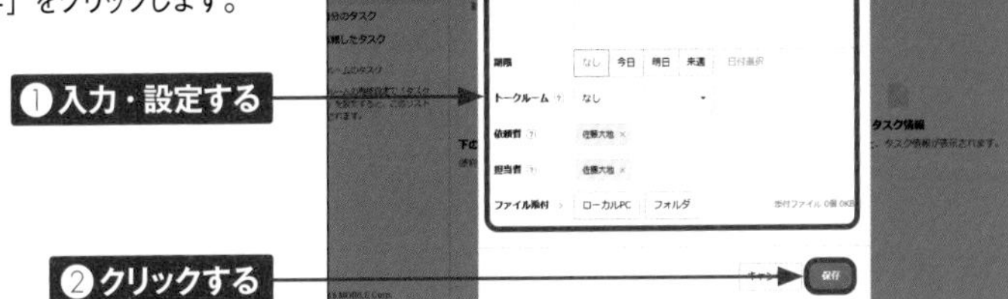

4 タスクが登録されます。

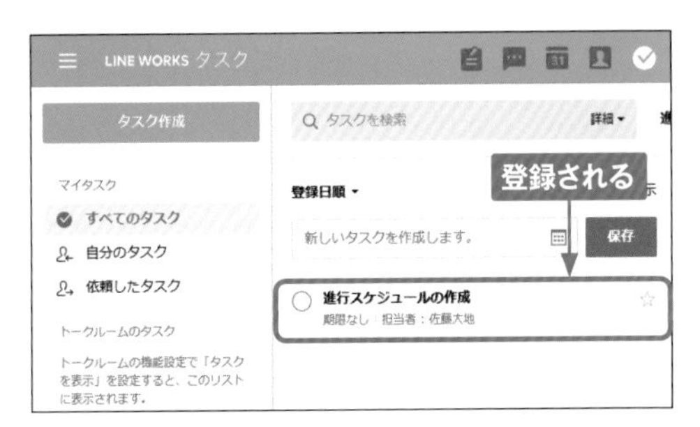

第5章 予定やタスクを管理する

トークからタスクを登録する

① タスクに登録したいメッセージにマウスポインターを合わせ、吹き出しの右側（自分が送信したメッセージの場合は左側）に表示される ⋮ をクリックします。

② ［タスクに送信］をクリックします。

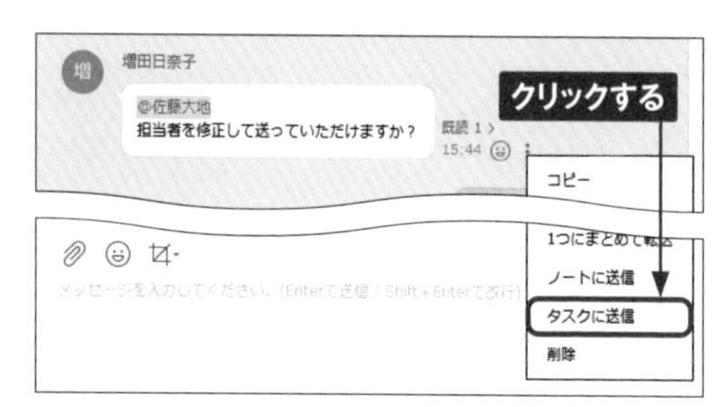

③ タスクに登録するメッセージにチェックが付いていることを確認し、［タスクにコピー］をクリックします。

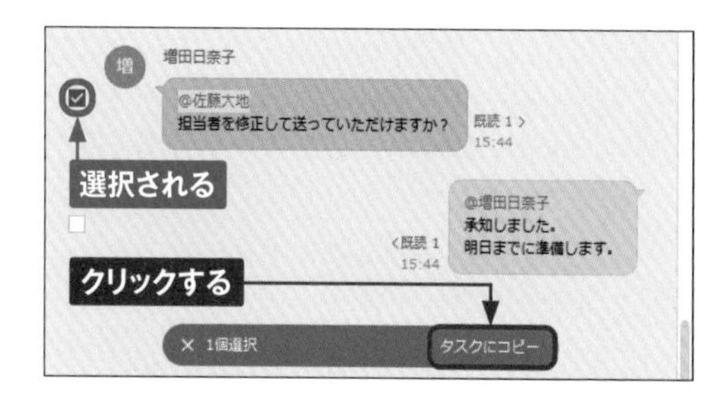

④ メッセージが引用されたタスク作成画面が表示されます。必要に応じて「タスク内容」「期限」などを入力・設定し（入力しなくても登録は可能）、［保存］をクリックします。1対1のメッセージからタスクを登録する場合は、これで完了です。

5 チーム／グループのメッセージからタスクを登録した場合、必要であれば「グループトークルームに通知を送信」のチェックボックスをクリックしてチェックを付け、［OK］をクリックします。

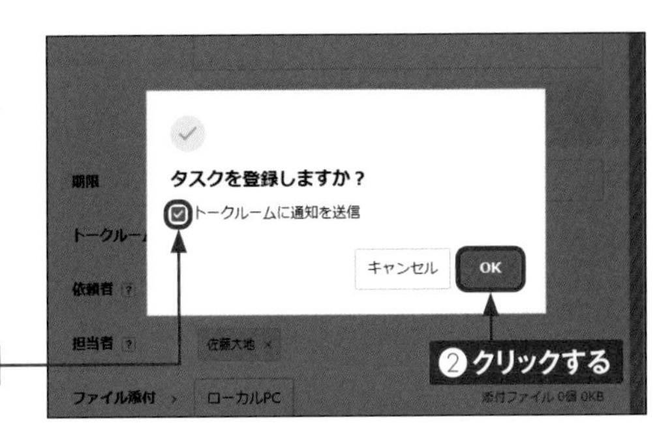

6 トークルームにタスク作成の通知が送信されます。

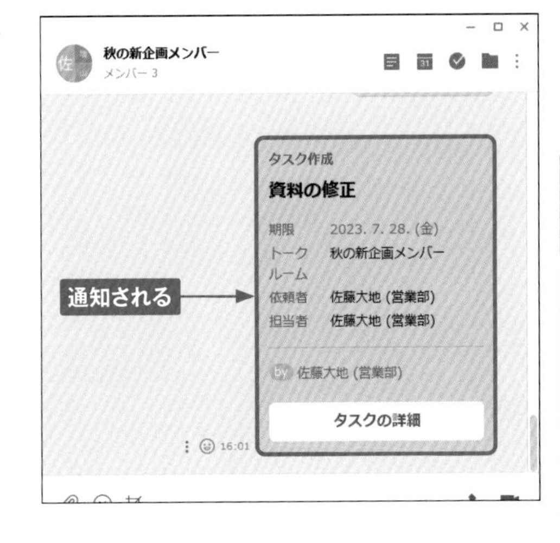

Memo そのほかのタスクの登録方法

1対1のトークルームでは画面右上の ⋮ →［タスク］の順にクリック、複数人またはグループのトークルームでは画面右上の ✓ をクリックすることでも、タスク作成画面を表示できます。

●1対1のトークルーム

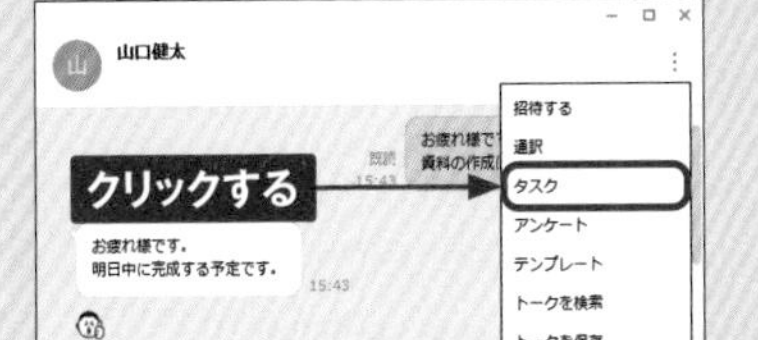

●複数人またはグループのトークルーム

Section 46
タスクを依頼する

タスクの登録時には、「依頼者」(タスクの実行を指定したメンバー)と「担当者」(タスクの実行を指定されたメンバー) を設定することができます。期日の決まった業務を依頼するときは、「担当者」を設定してタスクを登録しましょう。

タスクを依頼する

1 P.101を参考にタスク作成画面を表示し、「担当者」にある自分の名前の×をクリックして削除したら、[アドレス帳]をクリックします。

2 タスクを依頼したいメンバーの名前のチェックボックスをクリックしてチェックを付け、[OK]をクリックします。

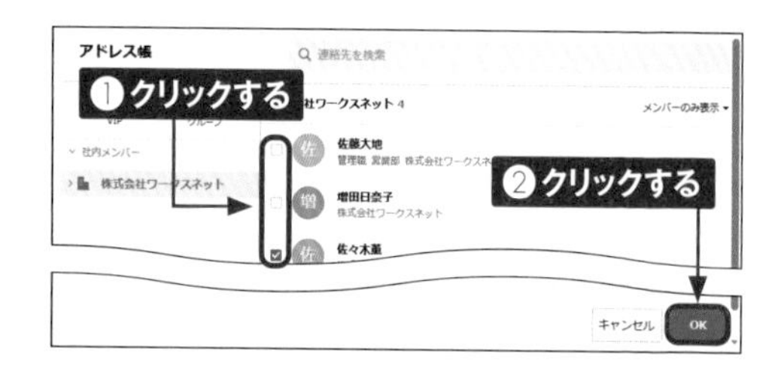

3 「担当者」に依頼したいメンバーの名前が表示されていることを確認し、[保存]をクリックすると、タスクの依頼が相手に通知されます。

4 登録したタスクは、タスクリストの「依頼したタスク」から確認できます。

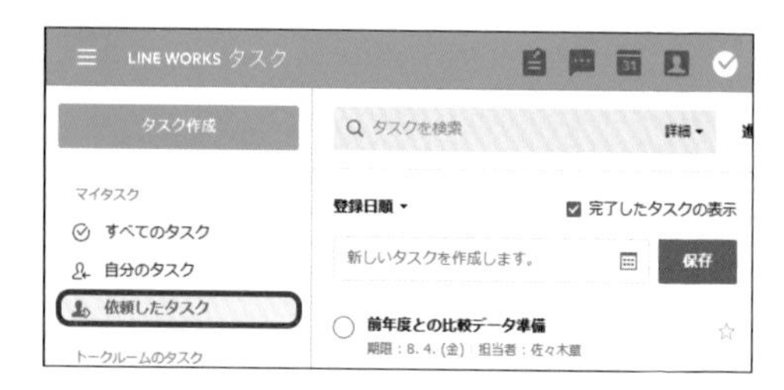

Section 47

タスクを確認する

登録したタスクを確認する方法は複数あります。タスクリストでタスク名をクリックすると、タスクの詳細を確認できます。自分はもちろん、ほかのメンバーがかかわっているタスクが登録されている場合もあるため、こまめに確認するようにしましょう。

タスクを確認する

① P.101手順①を参考にWebブラウザ版の「タスク」画面を表示すると、タスクリストが確認できます。任意のタスク名をクリックします。

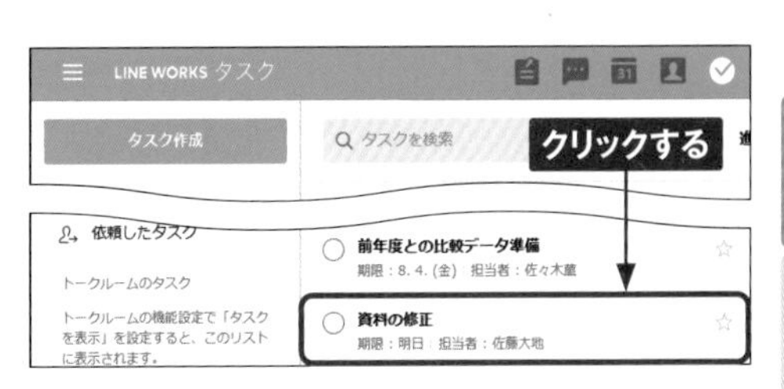

② 画面右側にタスクの内容が表示され、詳細を確認できます。

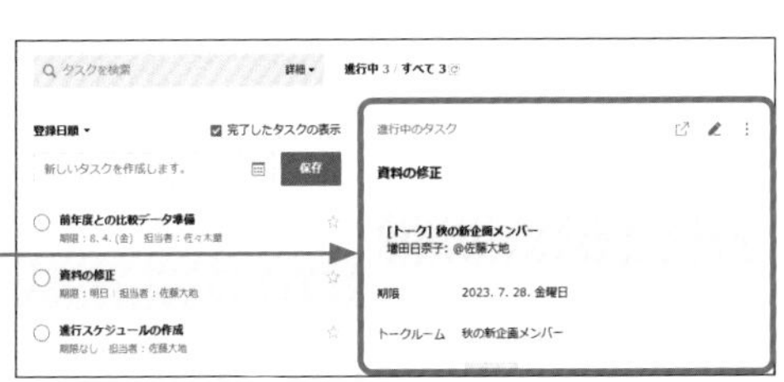

Memo そのほかのタスクの確認方法

上記で説明したタスクの確認方法では、すべてのタスクが表示されます。特定のグループのタスクのみを確認したい場合は、そのグループのトークルームで画面右上の をクリックします。また、グループでタスク作成がトークルームに通知されている場合（P.103手順⑥の画面参照）は、その通知の［タスクの詳細］をクリックすると、タスクをすばやく確認できます。

Section 48

タスクを完了させる

登録したタスクはこまめに確認して、遂行したものは完了させましょう。タスクをしっかり管理することで、取り組むべき内容の優先順位も付けやすくなります。なお、一度完了させたタスクを未完了に戻すこともできます。

タスクを完了させる

1 P.105を参考にタスク名をクリックし、[完了にする]をクリックします。

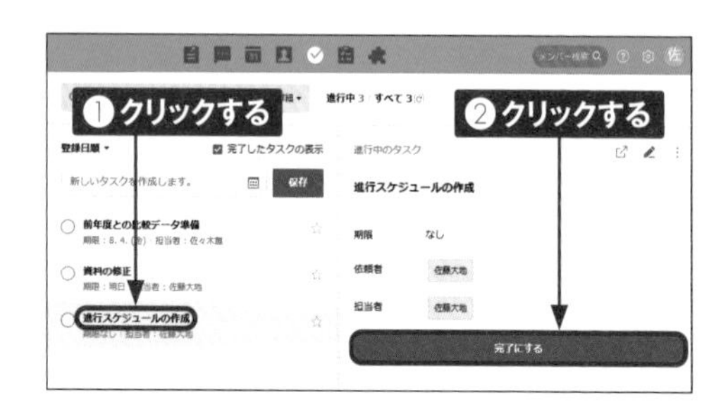

2 タスクが完了します。誤って完了にしてしまった場合などは、[進行中に変更]をクリックすると、未完了タスクに戻せます。

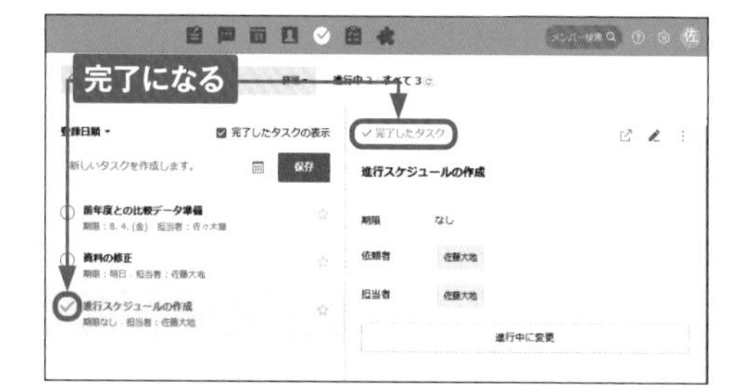

Memo タスクリストからタスクを完了させる

上記ではタスクの詳細情報からタスクを完了させましたが、詳細を確認する必要がない場合は、タスクリストのタスク名の左にある○をクリックすることでも、タスクを完了できます。未完了タスクに戻すには、✓をクリックします。

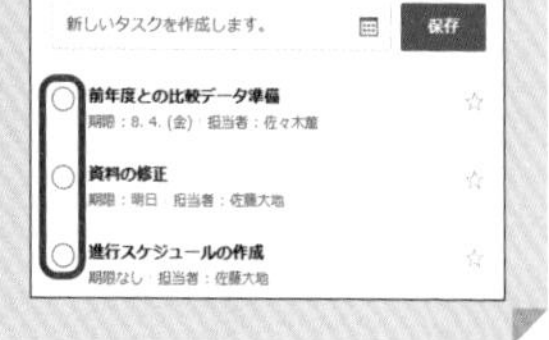

Section 49

タスクを編集する

一度登録したタスクであっても、内容、期限、依頼者、担当者、添付ファイルを修正したり、削除したりすることができます。なお、タスクそのものを削除すると共有中のメンバーのタスクリストからも削除され、復元することはできません。

タスクを編集する

1 P.105を参考にタスク名をクリックし、✎をクリックします。なお、タスクを削除する場合は⋮をクリックし、[削除]→[削除]の順にクリックします。

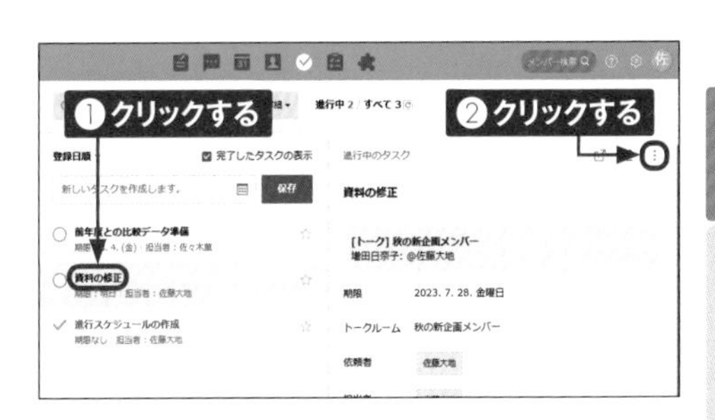

2 任意の項目を修正し、[保存]をクリックします。

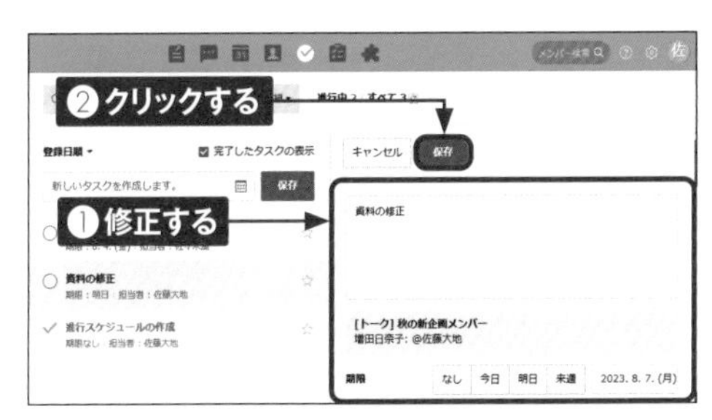

3 タスクが修正されます。なお、タスクの変更履歴は、詳細情報の下にすべて表示されます。

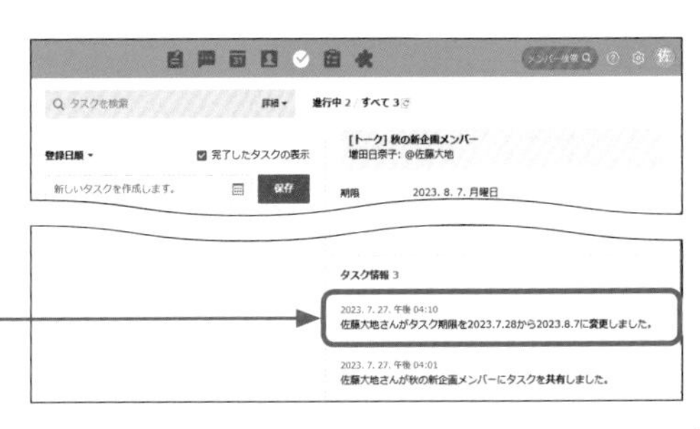

Section 50

トークルームのカレンダーとタスクを表示する

初期状態のカレンダーリスト／タスクリストでは、トークルームカレンダー（P.89参照）、トークルームのタスク（P.100参照）は非表示になっています。各機能の設定画面や環境設定から表示を有効にする設定を行いましょう。

トークルームのカレンダー／タスクを表示する

●カレンダー

カレンダーリストに予定を表示したいトークルームの31をクリックし、Webブラウザ版の「予定」画面で⁝▾をクリックしたら、「カレンダーでも表示」のチェックボックスをクリックしてチェックを付けます。

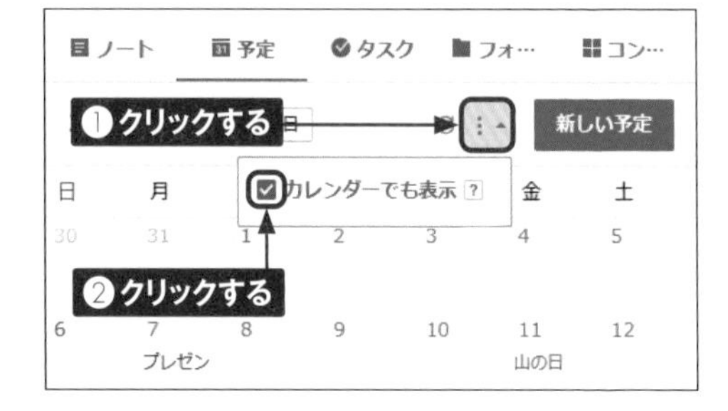

●タスク

スマートフォンアプリ版でタスクリストに表示したいトークルームで≡→［タスク］の順にタップし、⁝→［タスクでも表示］→［タスク画面のリストに表示］の順にタップします。

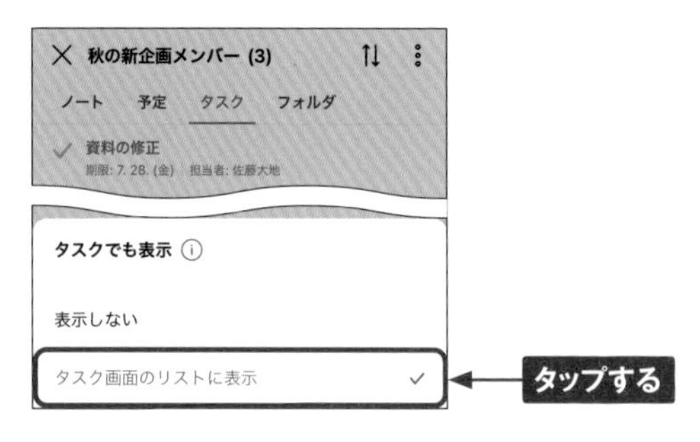

Memo タスクの表示設定はスマートフォンアプリ版から行う

トークルームのタスク表示は、カレンダーのようにWebブラウザ版からの操作は行えません（2023年9月時点）。P.152を参考にスマートフォンアプリ版にログインして設定を行うことで、Webブラウザ版のLINE WORKSに設定が反映されます。

第6章

LINE WORKSを便利に使う

Section 51

通知の設定をカスタマイズする

通知は非常に便利な機能ですが、トークルームが増えてくると通知が鳴りやまなくなり、重要なメッセージを見逃してしまうことがあります。各機能の通知をしっかりと受け取れるように、設定をカスタマイズしておきましょう。

通知を一時停止する

① 会議やプレゼンテーションの間など、一時的にすべての通知を止めることができます。「LINE WORKS」アプリで画面左下のプロフィールアイコンをクリックします。

② ［通知を一時停止］をクリックし、一時的に通知を停止したい時間をクリックします。

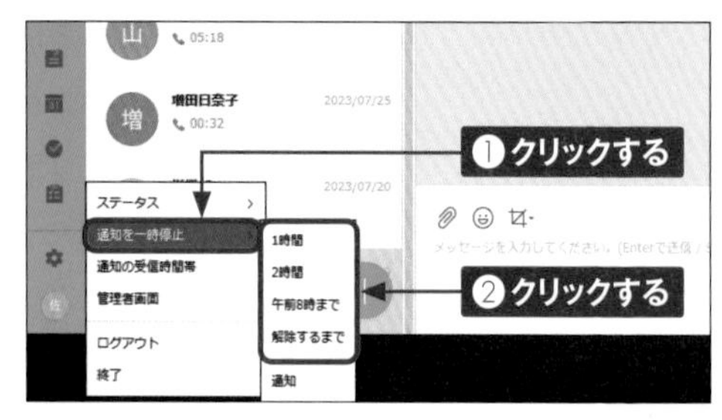

③ 一時停止中は、プロフィールアイコンが通知停止中のアイコンに変わります。

通知を受け取る時間帯を設定する

① 勤務中のみなど、通知を受け取る時間帯を設定することができます。画面左下のプロフィールアイコンをクリックし、［通知の受信時間帯］をクリックします。

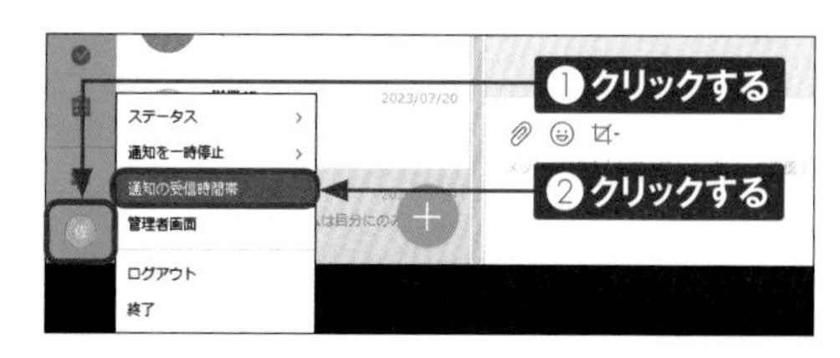

②「通知の受信時間帯」のチェックボックスをクリックしてチェックを入れます。「受信する時間帯」からデフォルトで設定されている時間帯の［編集］をクリックします。

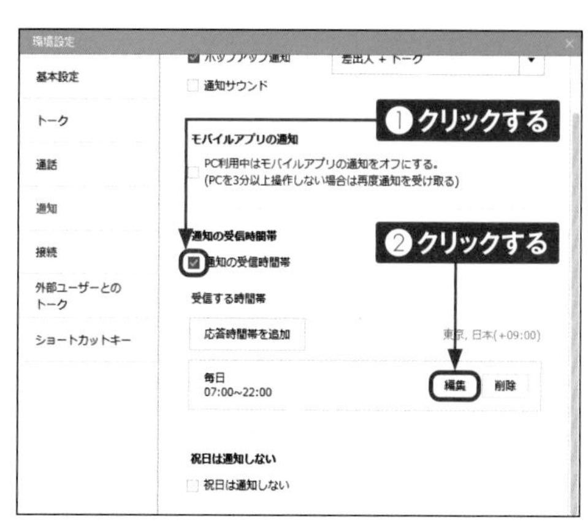

③ 曜日や時間帯を設定し、［OK］をクリックすると、通知を受け取る時間帯が変更されます。画面右上の☒をクリックして、画面を閉じます。

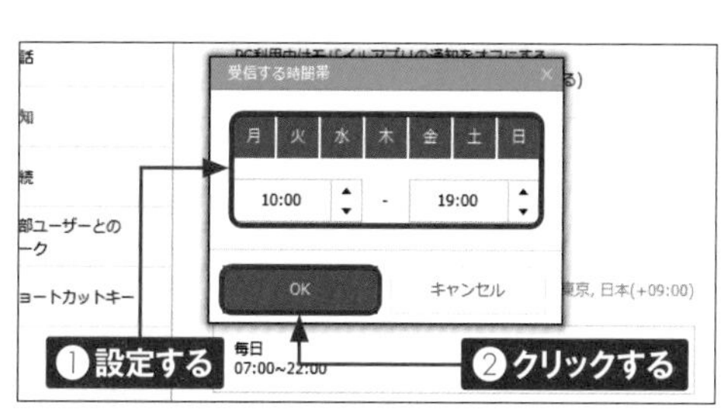

Memo 通知を受け取る時間帯を複数追加する

通知を受け取る時間帯を複数設定したい場合は、手順②の画面で［応答時間帯を追加］をクリックし、曜日や時間帯を設定します。

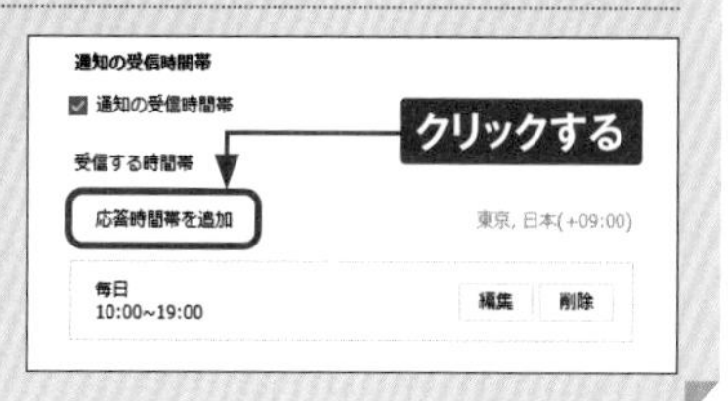

ポップアップ通知を設定する（Webブラウザ版）

① WebブラウザのLINE WORKSで画面右上の⚙をクリックし、［通知設定］をクリックします。

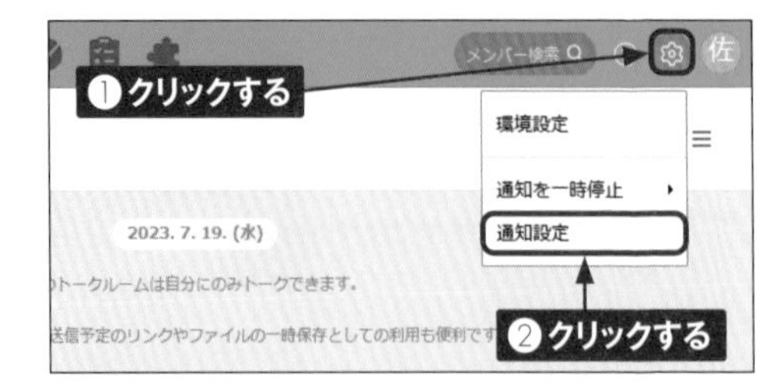

② ［通知の設定］をクリックします。

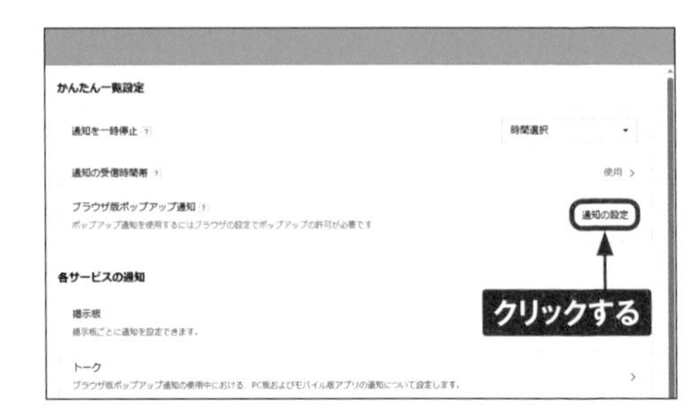

③ Webブラウザでポップアップの通知許可をしなければならないため、右図の画面が表示されたら［許可］をクリックします。

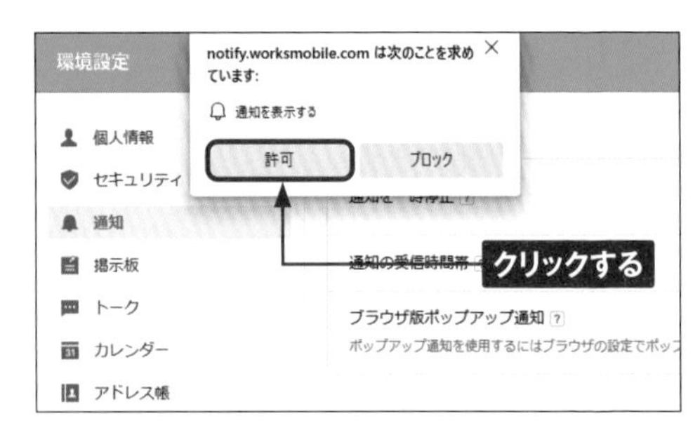

④ 「ブラウザ版ポップアップ通知」の をクリックして にすると、ポップアップ通知の設定メニューが表示されます。任意の項目にチェックを付けて、通知を設定します。

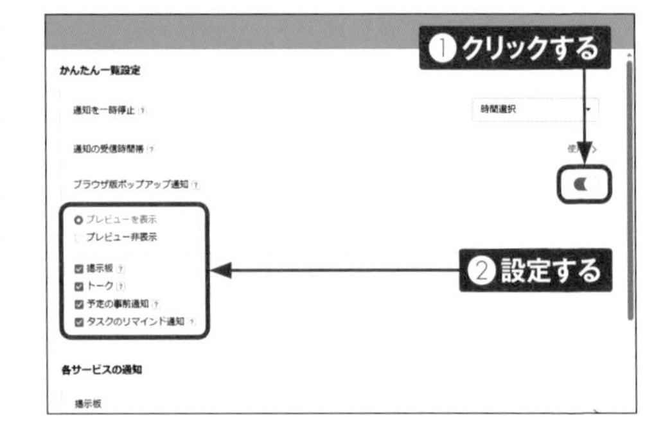

トークルームの通知を設定する

1 任意のトークルームで画面右上の ⋮ をクリックし、[通知]をクリックします。

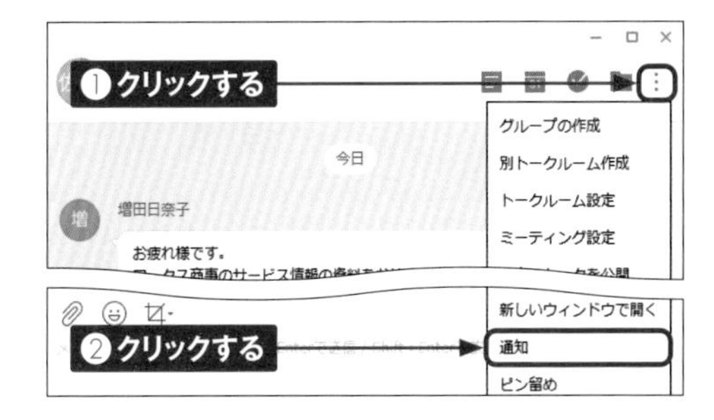

2 任意の通知項目のチェックボックスをクリックしてチェックを付け、[OK] をクリックします。

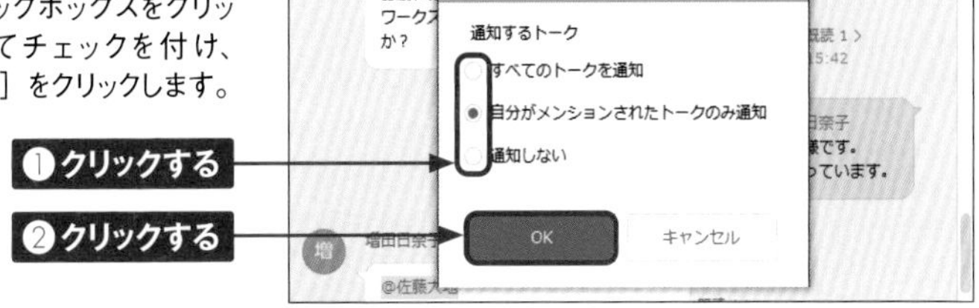

3 通知を設定したトークルームには、通知内容に応じたアイコンが表示されます（「すべてのトークを通知」はアイコンなし、「自分がメンションされたトークのみ通知」は 、「通知しない」は ）。

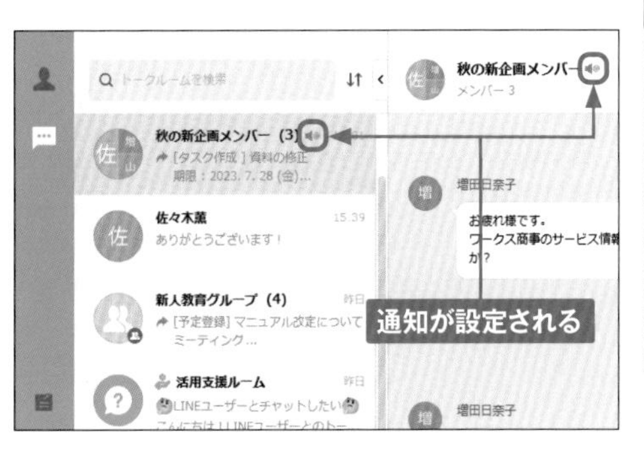

Memo **トークルームの通知が重複しないように設定する**

P.112手順②の画面で「各サービスの通知」から［トーク］をクリックすると、Webブラウザ版のLINE WORKSを使用している間のデスクトップアプリ版、またはスマートフォンアプリ版の通知をオフにする設定を行えます。

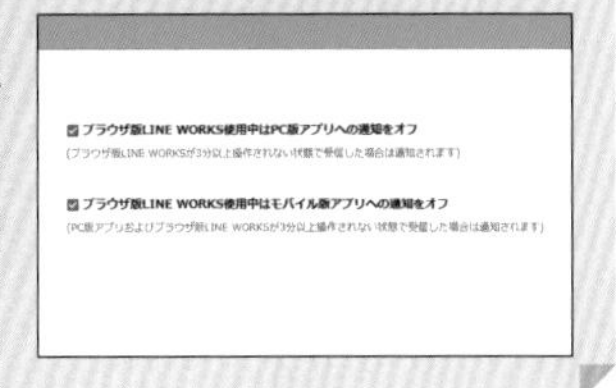

Section 52

トークルームを見やすく整理する

トークルームが増えてくると、重要なメッセージを見逃してしまうことがあります。デフォルトではメッセージの受信順に全トークルームが表示されるようになっていますが、並べ替えをしたり、不要なトークルームを非表示にしたりできます。

トークルームを並べ替える

1 「LINE WORKS」アプリで、画面左のメニューから💬をクリックします。トークルーム上部にある⇅をクリックします。

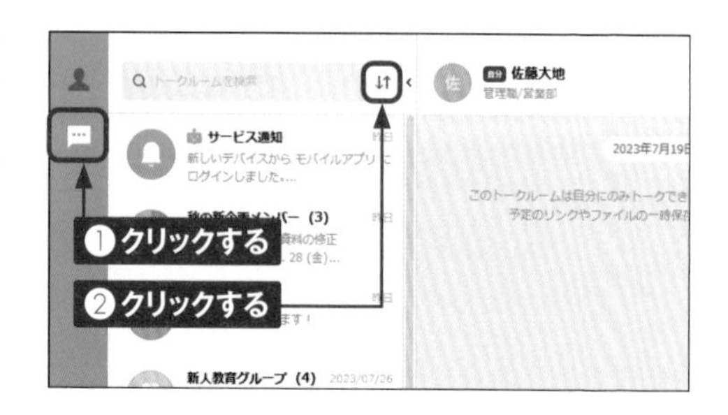

2 並べ替えの条件項目が表示されるので、任意の項目をクリックすると、トークルームが並べ替えられます。

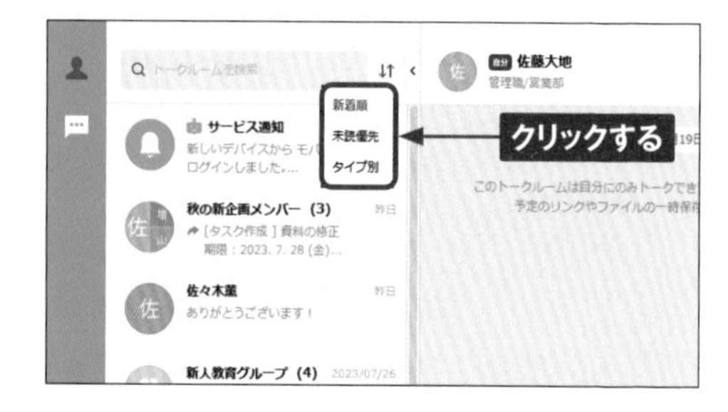

Memo 並べ替えの条件項目

「新着順」では、最近メッセージを受信したトークルームの順に並べ替えられます。デフォルトではこの「新着順」に設定されています。「未読優先」では、トークルームのタイプにかかわらず、未読トークのあるトークルーム順に並べ替えられます。「タイプ別」は、上から「公式/Bot」「チーム（組織）/グループ」「通常のトークルーム」順に並べ替えられます。

トークルームを非表示にする

① 非表示にしたいトークルームを右クリックし、[非表示] をクリックします。

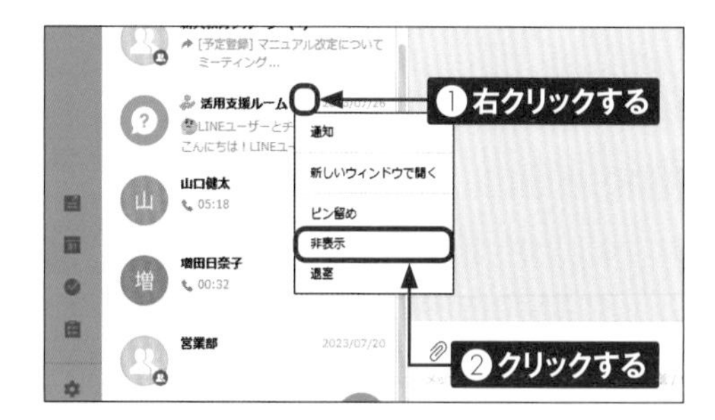

② 非表示にしたいトークルームにチェックが付いていることを確認し、[非表示] をクリックします。

③ 「トーク内容は削除されません。」画面で [OK] をクリックすると、トークルームが非表示になります。

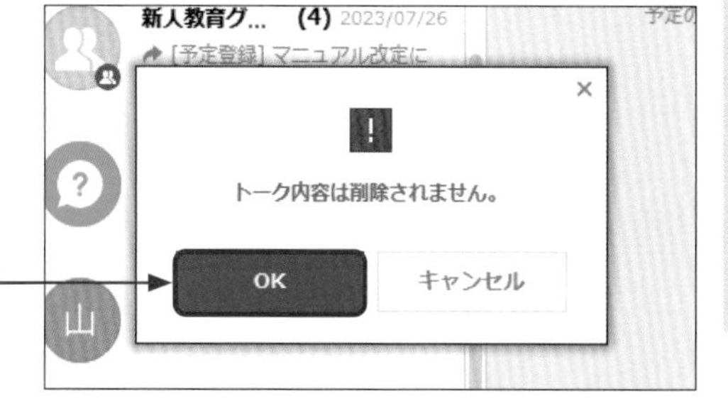

Memo 非表示のトークルームは新しいメッセージを受信するまで表示されない

非表示にしたトークルームは、新しいメッセージを受信するまで非表示のままです。新しいメッセージが投稿されると、再度トークルームが表示されます。ただし、非表示となっているのはデスクトップアプリ版のみで、Webブラウザ版やスマートフォンアプリ版では表示されています。誤って非表示にしてしまった場合は、Webブラウザ版かスマートフォンアプリ版で、新しいメッセージを送信しましょう。

Section 53

ノートに保存した情報をお知らせに表示する

チーム／グループトークルームのノートには、投稿をトークルームの上部に表示させる「お知らせに表示」機能があります。メッセージで情報が流れてしまうこともないため、最新情報の共有やメンバー間での認識合わせなどに役立つ機能です。

ノートをお知らせに表示する

1 P.78を参考にノートに投稿したい内容を設定・入力します。「お知らせに表示」のチェックボックスをクリックしてチェックを付け、［投稿］をクリックします。

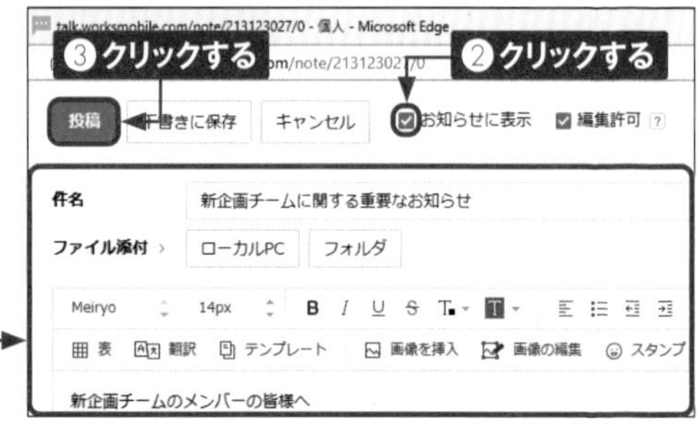

2 「投稿を作成しますか?」画面が表示されるので、［OK］をクリックします。

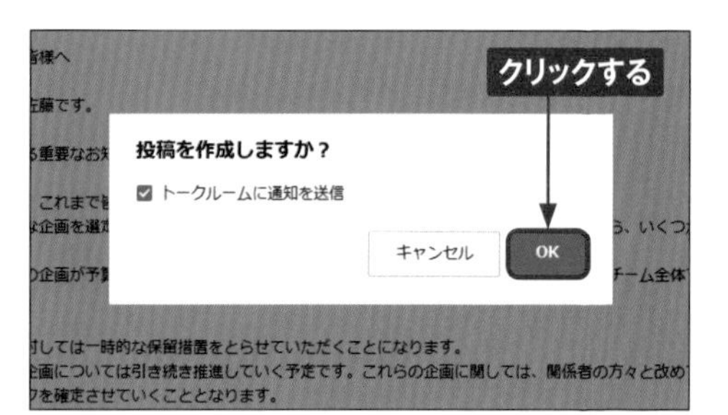

Memo 作成済みのノートをお知らせに表示する

上記では新規作成のノートでお知らせに表示する設定を説明しましたが、作成済みのノートをお知らせに表示することもできます。Webブラウザ版の「ノート」画面でお知らせに表示したいノート名をクリックし、⋮→［お知らせに表示］→［はい］の順にクリックします。

3 ノートが作成されます。「お知らせに表示」に設定された投稿には、ノート名の横に「お知らせ」と表示されます。画面右上の×をクリックし、画面を閉じます。

4 「お知らせに表示」に設定したノートは、トークルームの最上段に表示されます。なお、デスクトップアプリ版では再度ログインするまで反映されません。一度ログアウトし、再度ログインして表示を確認しましょう。

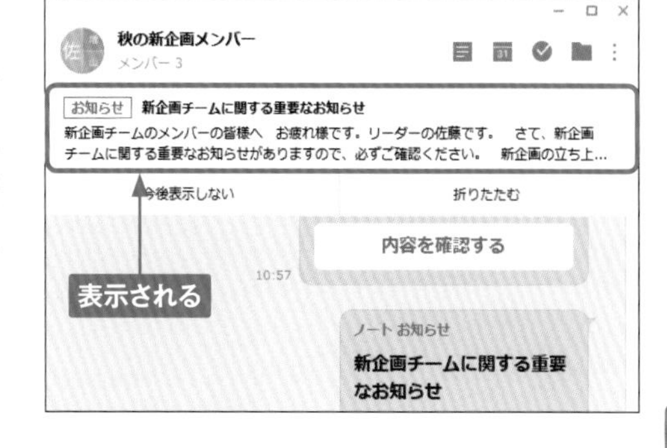

5 手順④の画面でノート名または文章をクリックすると、Webブラウザ版のLINE WORKSが起動し、ノートの全文を確認できます。

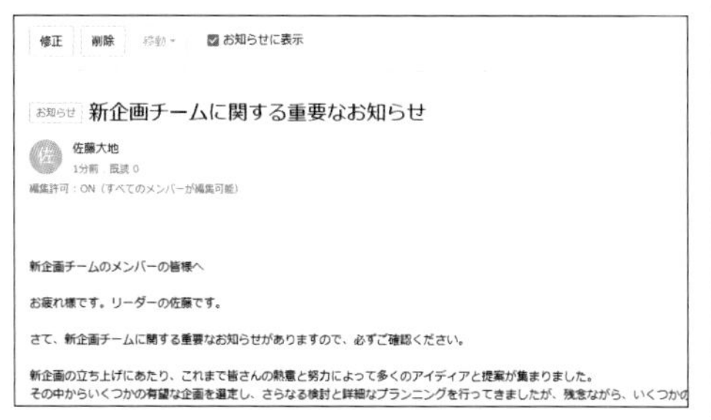

Memo お知らせを解除する

「お知らせに表示」を解除するには、手順⑤の画面で「お知らせに表示」のチェックを外すか、Webブラウザ版の「ノート」画面でお知らせを解除したいノート名をクリックし、⋮→［お知らせを解除］→［OK］の順にクリックします。なお、手順④の画面で［今後表示しない］をクリックしても、自分のトークルーム画面で非表示になるだけで、お知らせは解除されません。

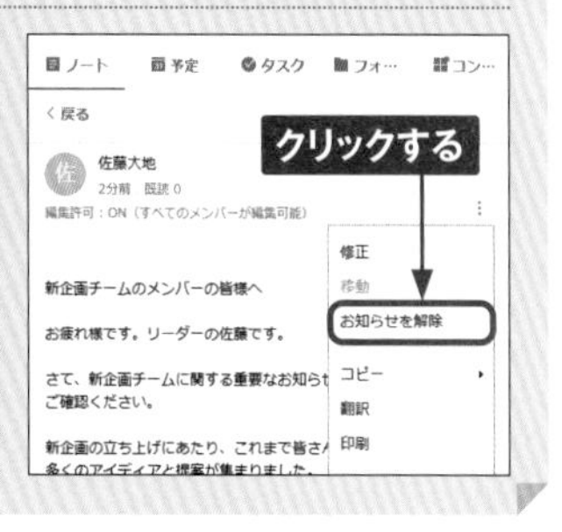

Section 54

特定のメンバーをVIPに指定して一覧表示する

LINE WORKSのアドレス帳では、連絡したい相手をすばやく表示するための機能が充実しており、その1つが「VIP」設定です。大切な相手を「VIP」として設定することで、さまざまな機能への連携がスムーズに行えるようになります。

メンバーをVIPに設定する

1 「LINE WORKS」アプリで、画面左のメニューから をクリックし、［組織図］をクリックします。

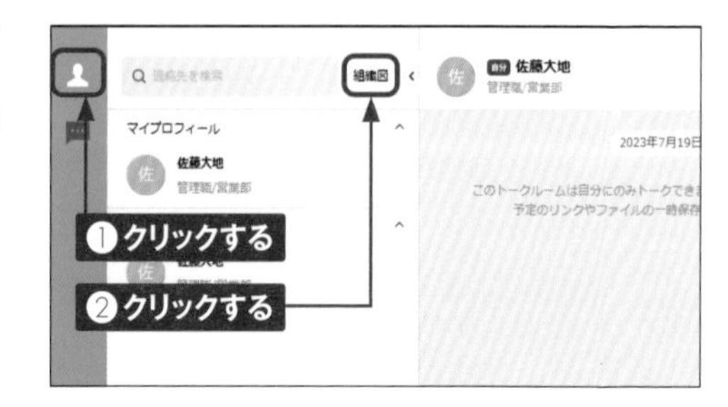

2 「メンバー選択」画面が表示されます。画面左の「組織図」の中から任意のチーム（組織）をクリックし、VIPに設定したいメンバーのプロフィールアイコンをクリックします。

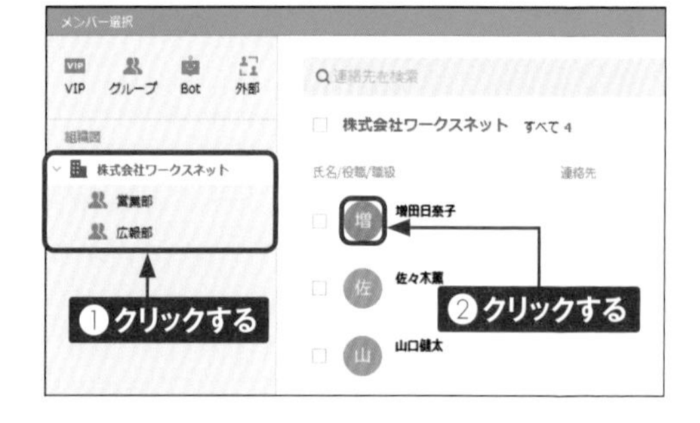

Memo VIPとは

「VIP」は自分にとっての重要人物を振り分ける機能で、ビジネスでは大切な取引相手などに適用するケースが多く見られます。アドレス帳で「VIP」のみの連絡先の一覧表示が可能であるため、トークやカレンダーなどとの連携がスムーズに行えます。

3 メンバーのプロフィールが表示されるので、名前の右にある［VIP］をクリックします。

4 「VIP」が赤に変わり、VIPに設定されます。

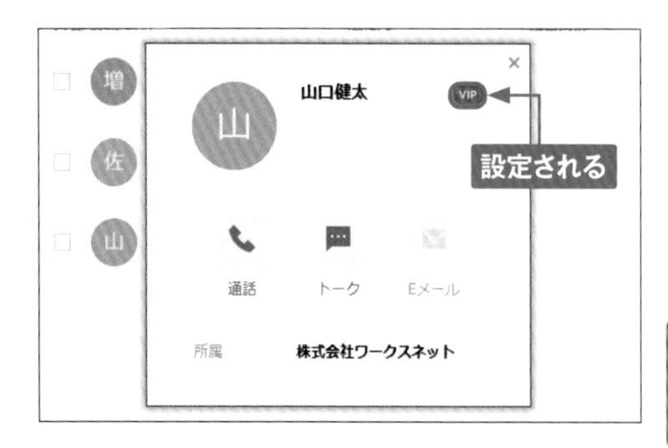

5 以降、アドレス帳や「メンバー選択」画面で［VIP］をクリックすると、VIPに設定されたメンバー一覧が表示されます。

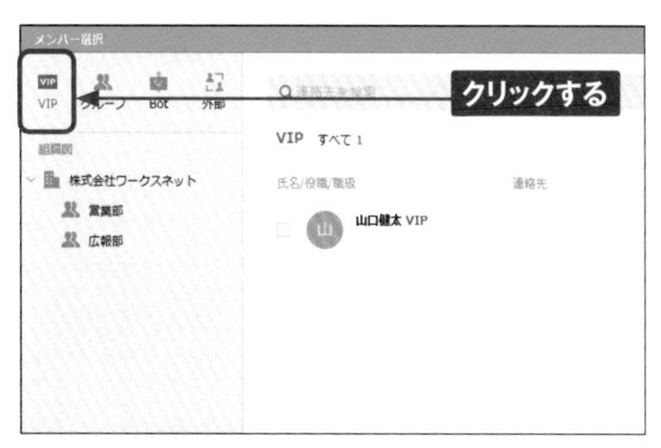

Memo VIPのユーザーからの通知を受け取る

アドバンストプランであれば、Webブラウザ版のポップアップ通知を有効にしておくことで（P.112参照）、「VIP」のユーザーからの通知を受け取れるようになります。また、メール機能では「VIP」のメールフォルダの使用有無を設定できるため、「VIP」に指定したメールアドレスから受信したメールをまとめて確認することも可能です。

Section 55

テンプレートを使って日報や議事録をすばやく送信する

報告業務では、あらかじめひな形を作っておくことで報告内容の漏れを防ぐことができます。LINE WORKSでは、あらかじめ9種類のテンプレートが用意されているため、全メンバーがすばやく日報や議事録を送信できます。

テンプレートを使用して業務報告をする

1 報告を行うトークルームを表示し、画面右上の ⋮ をクリックします。

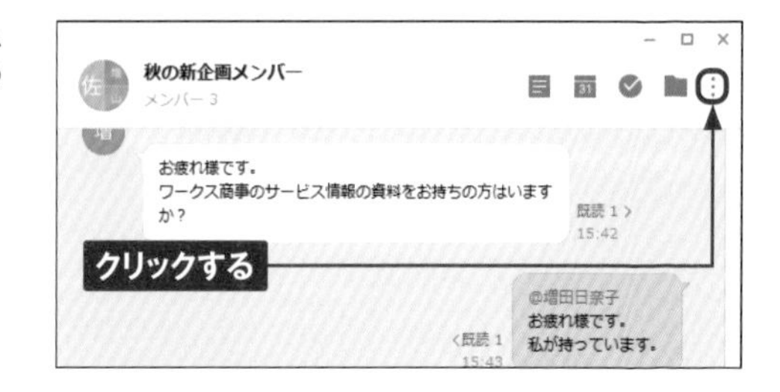

2 ［テンプレート］をクリックします。

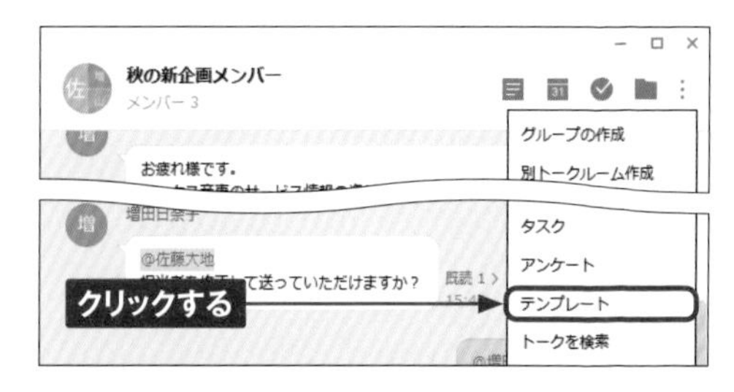

3 デフォルトで用意されているテンプレートは「全社共用」タブにあるため、［全社共用］をクリックします。

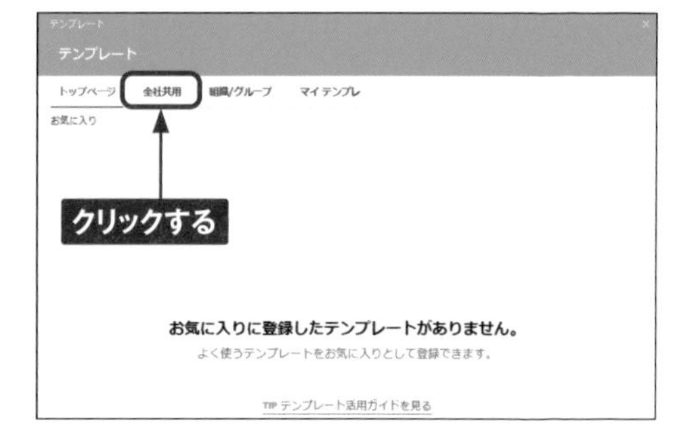

4 使用したいテンプレート（ここでは［業務日報］）をクリックします。★をクリックすると「お気に入り」に登録され、P.120手順③の「トップページ」タブに表示されます。また、画面右上の▣をクリックし、［OK］をクリックすると、新規のテンプレートを作成できます。

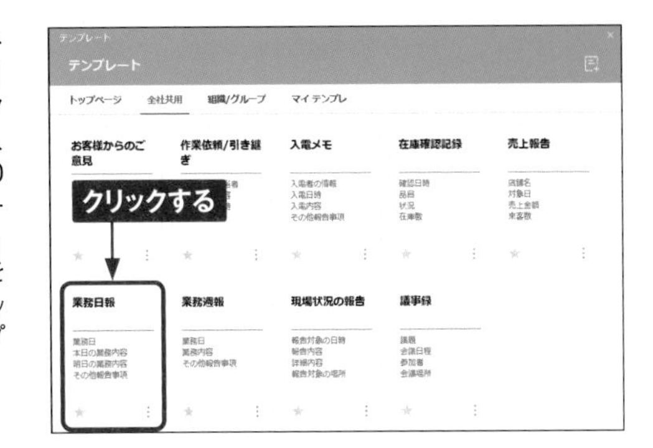

5 項目ごとに内容を入力し、［送信］をクリックします。⋮をクリックし、［プレビュー］をクリックすると、送信前に内容を確認できます。

6 トークルームに業務日報が送信されます。日報の内容を確認する場合は、送信されたメッセージの［内容を確認する］をクリックします。

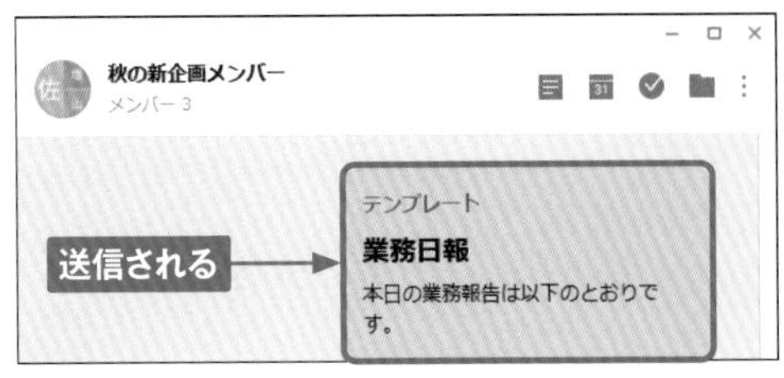

Memo テンプレートの種類

テンプレートには、LINE WORKSのメンバー全員が利用できる「全社共用テンプレート」、チーム（組織）／グループのメンバー全員が利用できる「組織／グループテンプレート」、自分のみ利用できる「マイテンプレート」があります。ここでは「全社共用テンプレート」を作成する方法を説明しましたが、ほかのテンプレートを作成する場合は、P.120手順③の画面で任意のタブに切り替えましょう。

Section 56

メッセージやビデオ通話を翻訳／通訳する

LINE WORKSでは、精度の高い翻訳機能と充実した言語でさまざまなシーンにおけるコミュニケーションがサポートできるようになっています。トークのメッセージやビデオ通話の音声はリアルタイムに翻訳／通訳されるので、ぜひ活用してみましょう。

メッセージを翻訳する

1 任意のトークルームで画面右上の ⋮ をクリックし、［通訳］をクリックします。

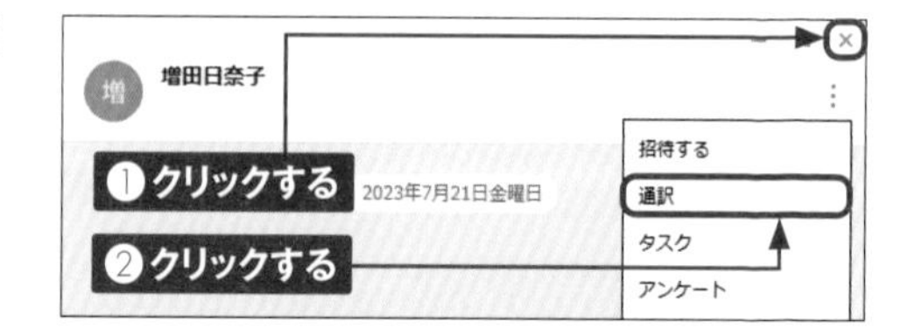

2 「通訳機能の使用」のチェックボックスをクリックしてチェックを付け、さまざまな言語を日本語に通訳する「マルチ通訳」か、指定した言語を相互に通訳する「言語を選択」のどちらか（ここでは「言語を選択」）を選択して、［OK］をクリックします。

3 相手が入力した英語が、日本語に翻訳されることを確認します。上段が入力されたメッセージ、下段が翻訳結果です。自分が送信したトークも、自動的に翻訳されます。

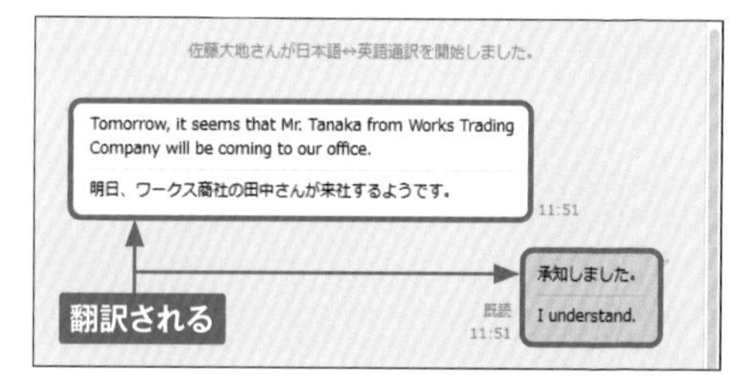

ビデオ通話を通訳する

① ビデオ会議で通訳機能を使用する場合は、P.53手順③の画面で「通訳者機能を使用」のチェックボックスをクリックしてチェックを付けて、ミーティングリンクを作成します。「通訳者機能を使用しますか?」画面で［OK］をクリックし、リンクを共有します。

② 通話が開始されたら画面下の［もっと見る］をクリックし、［通訳者機能］→［詳細設定］の順にクリックします。［通訳者を追加］をクリックして通訳者と言語を選択したら、［設定完了］→［OK］→［OK］の順にクリックします。

③ 画面下に言語の切り替えメニューが表示され、「通訳者機能」利用者の音声を聞きながら通話を行うことができます。通訳が行われている間は通話の妨げにならないよう、「通訳者機能」利用者以外の他メンバーの音声は小さく調整されます。

Memo 通訳会議は有料プランでのみ利用可能

ビデオ通話での通訳機能を開催できるのは、有料プランのみです。ただし、フリープランやLINE WORKSに未加入のゲストユーザーも、通訳会議に参加することは可能です。「通訳者機能」利用者は最大10名まで追加でき、それぞれ異なる言語を設定できます。「通訳者機能」利用者の音声は、同じ言語を選択している参加者にのみ伝達されます。

Section 57

掲示板を利用して交流を深める

トークルームは常に企業／団体のメンバー全員が参加しているわけではないため、全体周知を行うには「掲示板」機能の利用がおすすめです。「ノート」はチーム／グループ内の周知であり、掲示板は企業／団体全体への周知と使い分けられます。

掲示板を利用する

1 「LINE WORKS」アプリで、画面左のメニューから をクリックします。

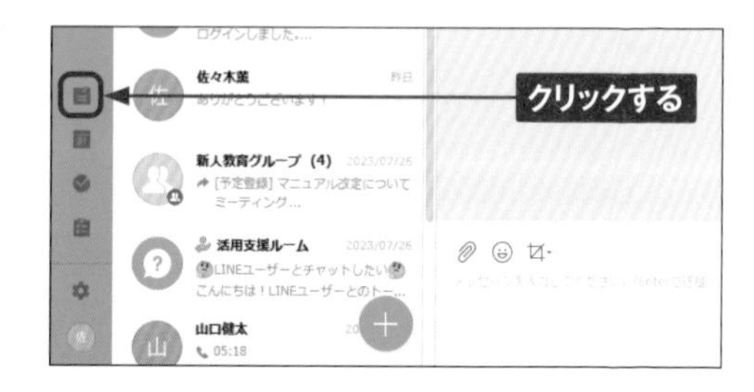

2 Webブラウザ版のLINE WORKSが起動し、「掲示板」画面が表示されます。画面左上の［投稿］をクリックしします。

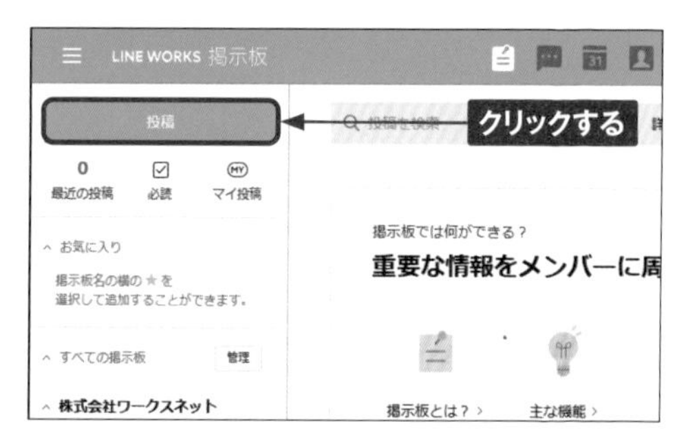

3 投稿したい掲示板のチェックボックスをクリックしてチェックを付け、［OK］をクリックします。

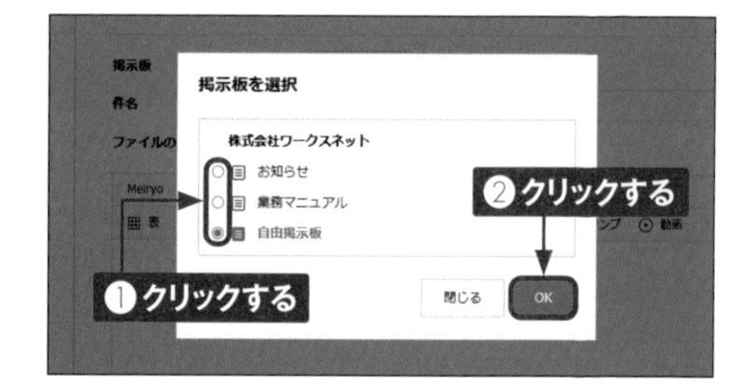

④ 投稿内容を入力・設定し、[投稿] をクリックします。

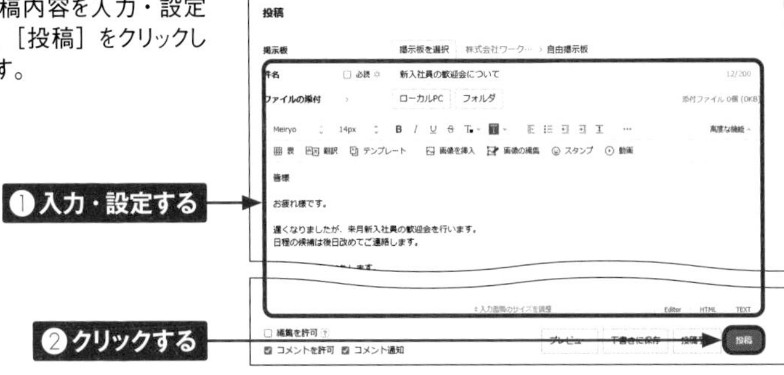

⑤「投稿を作成しますか?」画面が表示されるので、[OK] をクリックします。

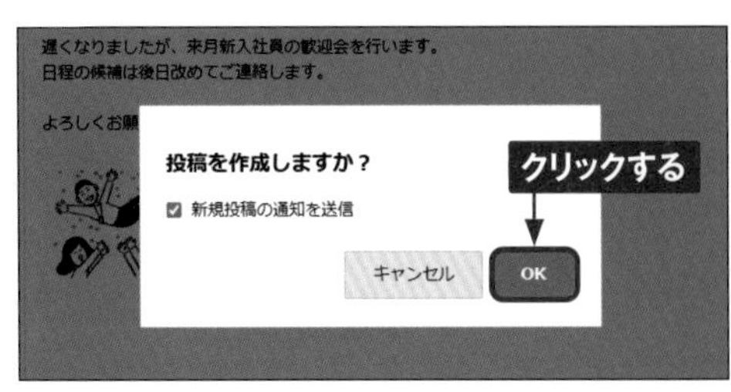

⑥ 投稿が完了します。投稿された掲示板にはコメントが付けられるほか、既読者／未読者を確認することもできます。

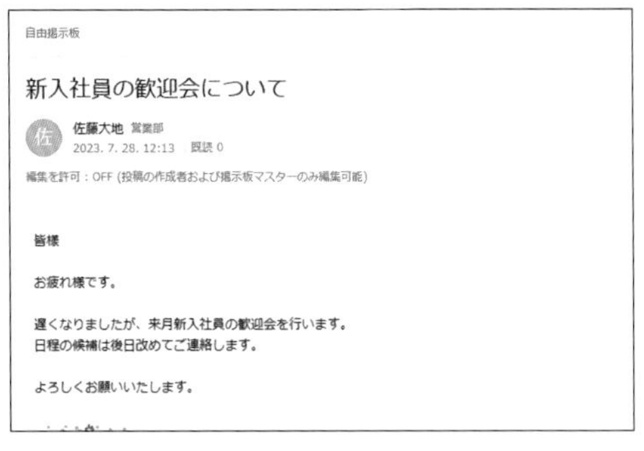

Memo 未読メンバーに通知する

手順⑥の画面で［既読○］をクリックすると、既読者／未読者を確認できます。未読者に掲示板への投稿を通知を送信したい場合は、「未読」タブで［再通知］をクリックし、任意のメンバーにチェックを付けて、［送信］をクリックします。

Section 58

アンケートを取って グラフで自動集計する

「アンケート」機能では、集計や意見収集などを目的としたアンケートを豊富なテンプレートから作成することができます。アンケート結果は自動集計され、グループで共有したり、データをダウンロードしたりすることが可能です。

アンケートを作成する

1 「LINE WORKS」アプリで、画面左のメニューからをクリックします。

2 Webブラウザ版のLINE WORKSが起動し、「アンケート」画面が表示されます。画面左上の［新規作成］をクリックします。

3 作成したいアンケート形式（ここでは［投票］）をクリックします。

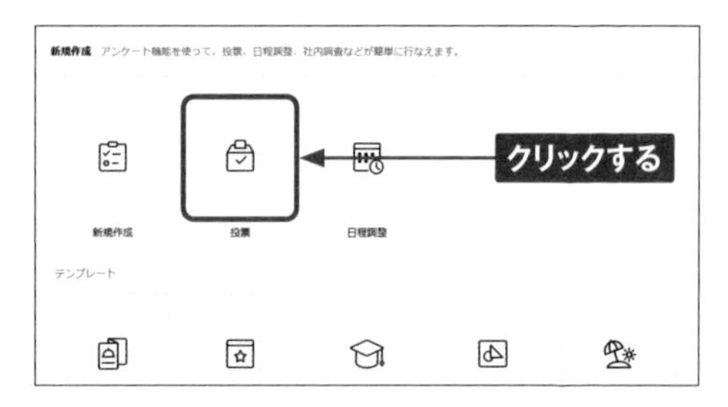

④ アンケート対象（ここでは［社内用アンケート］）をクリックします。

⑤ アンケート作成画面が表示されます。「アンケートのタイトル」「説明」「質問内容」「選択項目」などを入力・設定します。選択項目を画像にすることも可能です。作成が完了したら、［詳細設定］をクリックします。

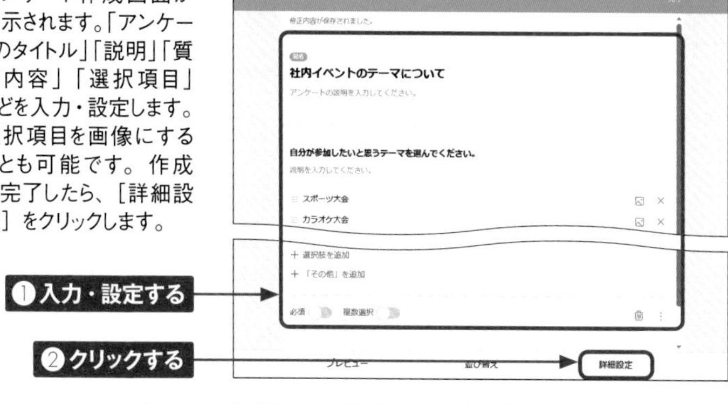

⑥ 「アンケート期間設定」で任意の期間を設定し、「アンケート対象設定」で［メンバー指定］をクリックして、「メンバー選択」の［0名］をクリックします。

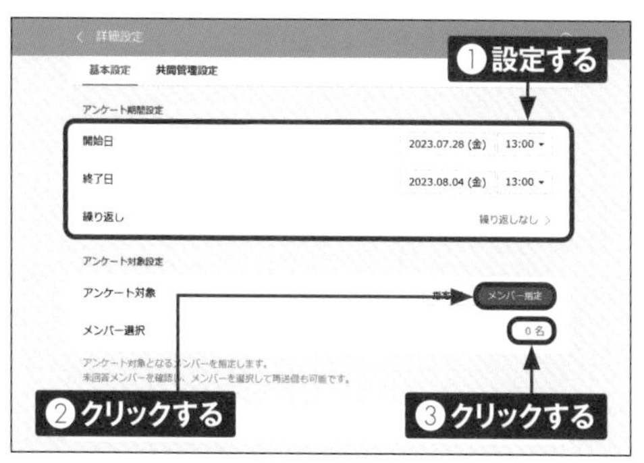

Memo アンケートの種類

ここでは「投票」の作成方法を説明しましたが、LINE WORKSには10種類以上のテンプレートが用意されています。イベント出欠、飲み会日程、満足度調査、意見調査、チェックシートなど、多数のアンケートを作成できるため、1から作成するよりも効率的です。テンプレートは必要に応じて自由に編集できます。

7. 画面右上の👤+をクリックし、対象のメンバーのチェックボックスをクリックしてチェックを付けたら、［OK］をクリックします。

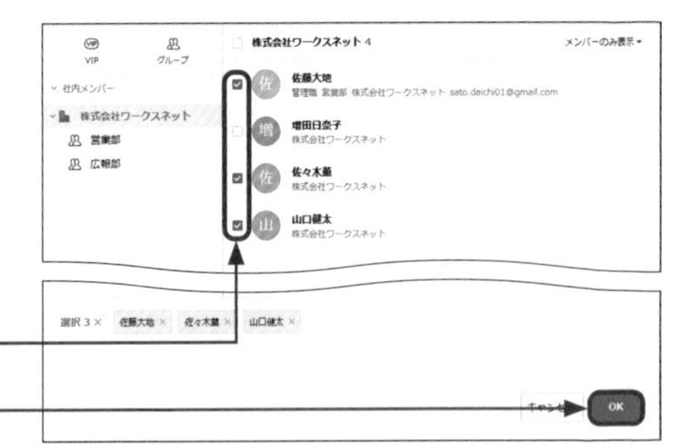

8. 画面左上の＜をクリックします。

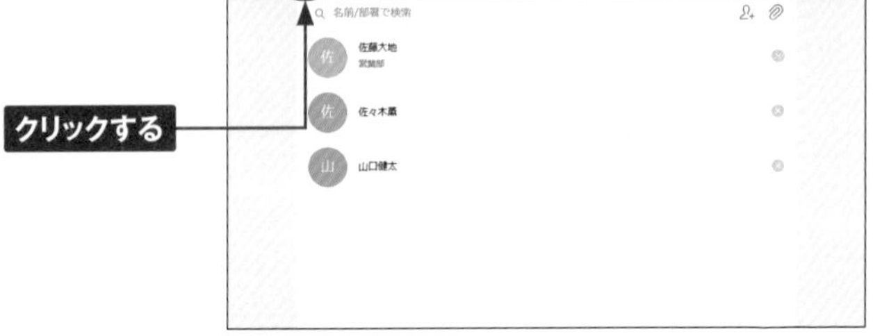

9. 「回答者の表示」や「アンケート結果設定」などの設定を行い、画面左上の＜をクリックします。

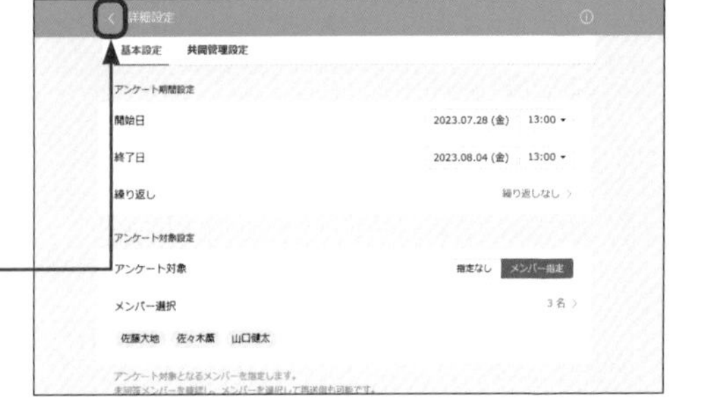

10. アンケートの内容に問題がなければ、画面右上の［完了］をクリックします。

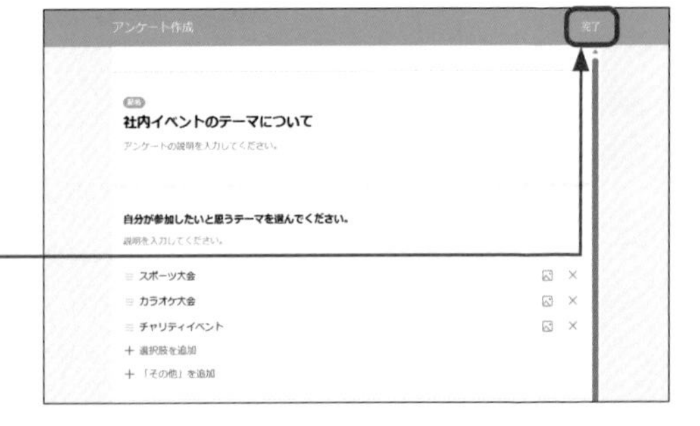

⑪ いずれかの共有方法（ここでは［トーク］）をクリックします。

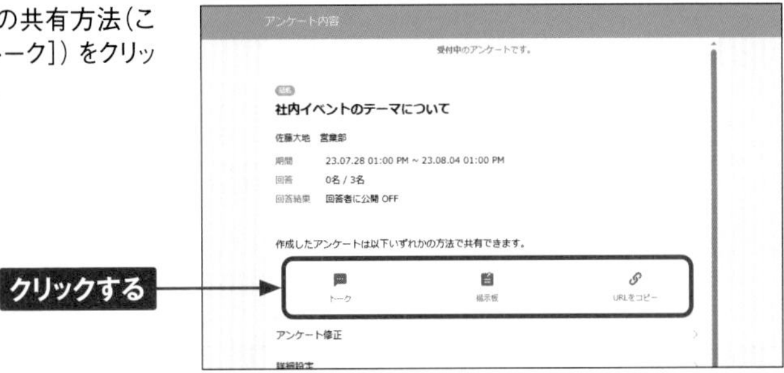

⑫ トークの送信方法（ここでは［既存のトークルームへ送信］）をクリックします。

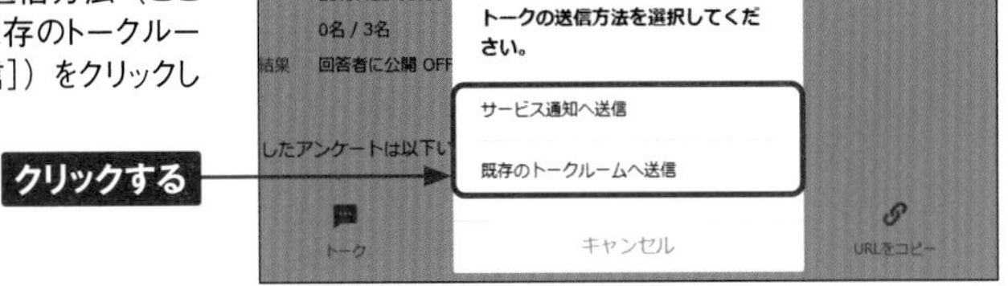

⑬ アンケートの回答を告知するトークルームを検索します。トークルーム名を検索欄に入力し、対象のトークルーム名をクリックします。「本文」を入力し、［送信］→［OK］の順にクリックします。

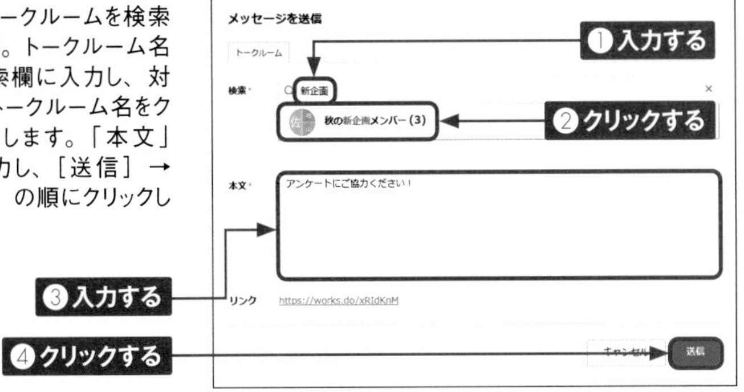

⑭ トークルームにアンケート内容が通知されます。

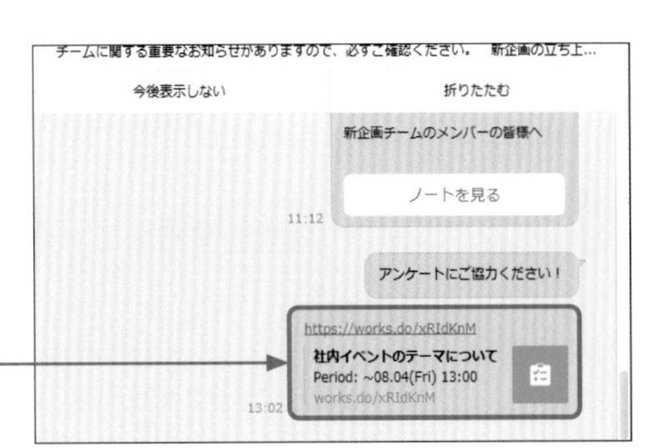

アンケート結果をグラフで表示する

① P.126手順②の画面で、［作成したアンケート］をクリックします。

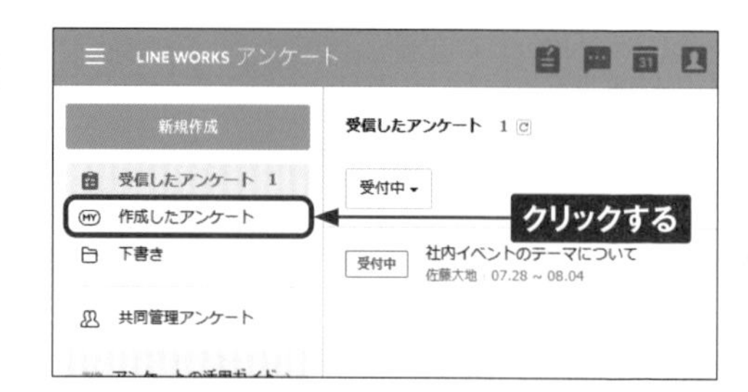

② 任意のアンケートの［結果確認］をクリックします。

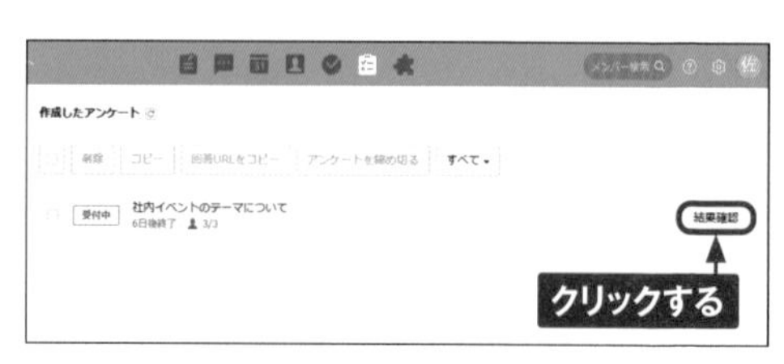

③ 自動集計されたアンケート結果がグラフで表示されます。［回答○］をクリックすると、回答者／未回答者が確認できます。回答者の回答内容を確認する場合は、［回答を確認］をクリックします。

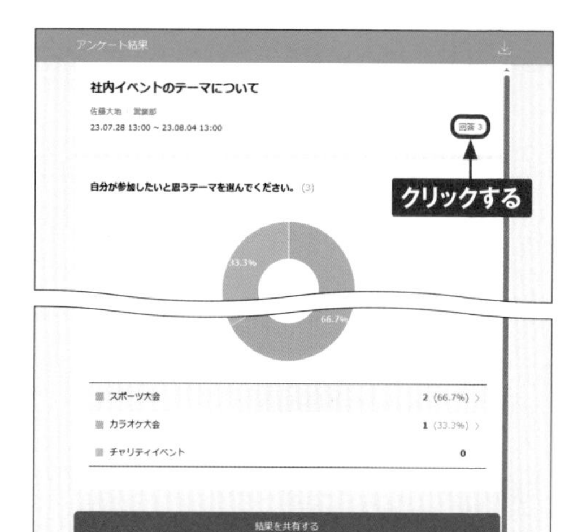

Memo　アンケート結果を共有する／保存する

アンケート結果を共有する場合は、手順③の画面で［結果を共有する］をクリックし、共有方法を選択します。アンケート結果をダウンロードする場合は、手順③の画面右上の⬇をクリックします。

第7章

LINE WORKSを管理する

Section 59

メンバーを一括登録する

新規でLINE WORKSを開始する際に、メンバーを1人1人登録していくのは時間と労力がかかります。LINE WORKSには、Excelの指定フォーマットにメンバーの情報を入力してアップロードすることで、100人まで一括登録できます。

メンバーを一括登録する

1 「LINE WORKS」アプリで画面左下のプロフィールアイコンをクリックし、[管理者画面]をクリックします。

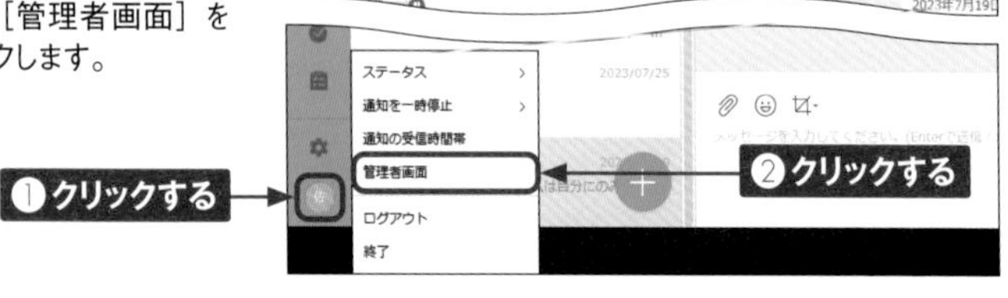

2 Webブラウザ版のLINE WORKSが起動し、管理者画面が表示されます。画面左のメニューから[メンバー]をクリックし、[メンバー]をクリックします。

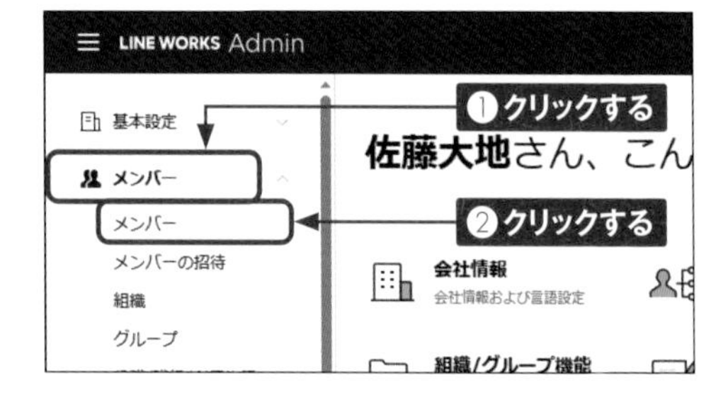

3 画面右上の[メンバーを一括追加]をクリックします。

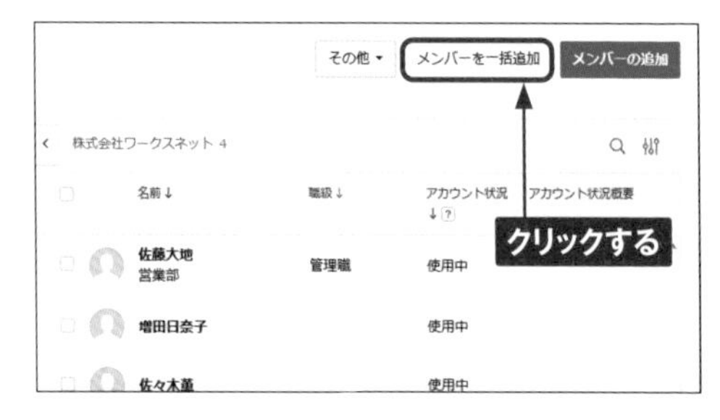

4 一括登録するための画面が表示されます。「パスワードの作成方法」(P.21Memo参照)を選択し、[次へ] をクリックします。

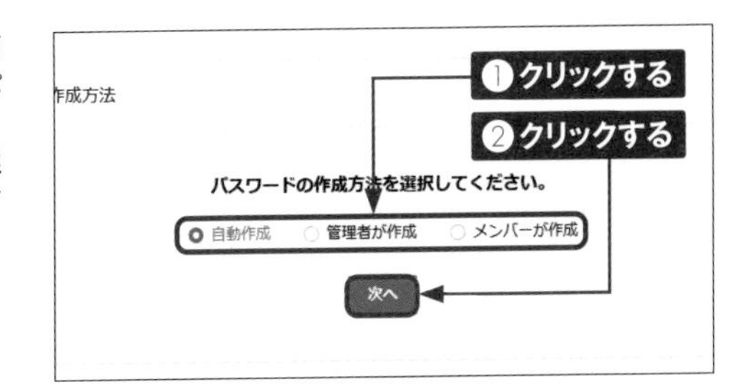

5 メンバー一括登録用のファイルを用意し（下のMemo参照）、[ファイルを選択] をクリックします。

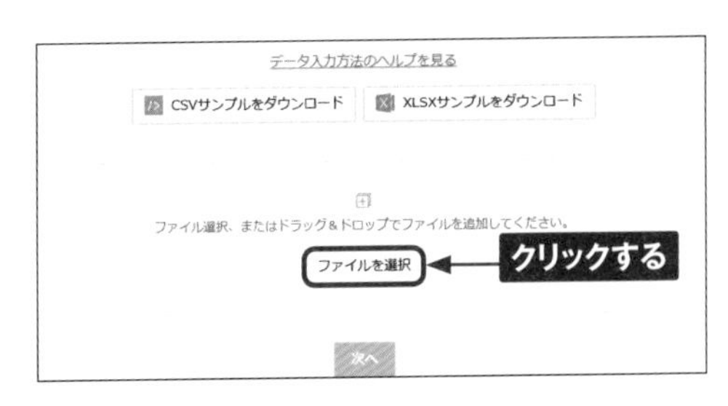

6 登録したいファイルをクリックして選択し、[開く] をクリックします。

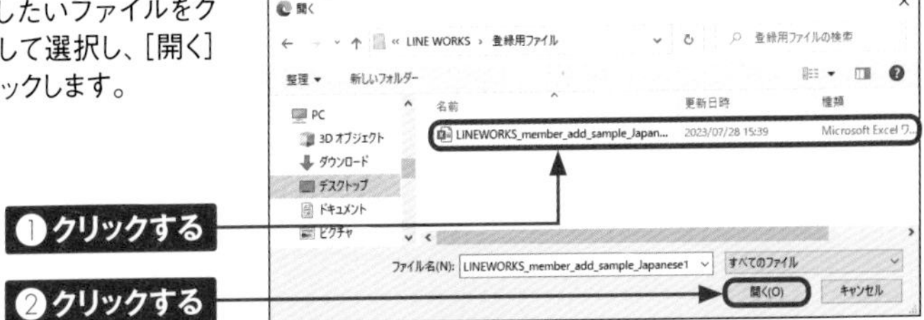

Memo 登録用ファイルをダウンロードする

登録用ファイルにメンバーの「姓」「名」「ID」「個人メールアドレス」などといった情報を入力すると、一度に100人までの登録が可能になります。登録用ファイルは、手順⑤の画面で [CSVサンプルをダウンロード] または [XLSXサンプルをダウンロード] をクリックしてダウンロードできます。なお、手順④の画面で選択する初期パスワードの設定方法によって、ダウンロードするファイルが異なります。なお、メンバーの一括登録はWebブラウザ版のみで行えます。

	C	D	E	F
1	ID	姓(フリガナ)	名(フリガナ)	個人メール
2	sample1	サンプル	ユーザー	test1@xxxxx.xxx
3	sample2	サンプル	ユーザー	test2@xxxxx.xxx
4				

7 アップロードされたファイルが間違いないことを確認し、[次へ] をクリックします。

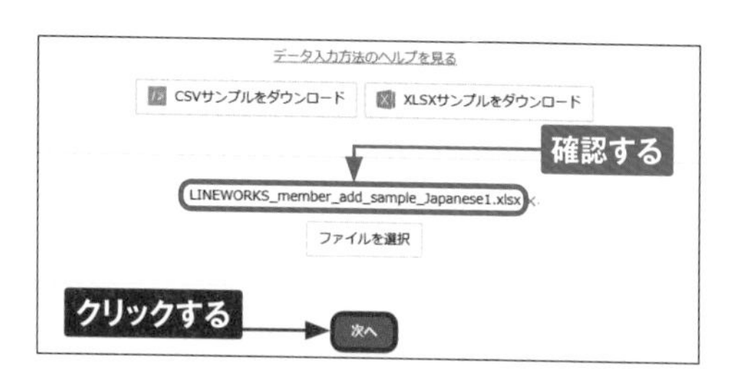

8 ここでは、取り込み前に追加メンバーの所属チーム（組織）を設定します。同一チーム（組織）に所属させたいメンバーのチェックボックスをクリックしてチェックを付けたら、[組織変更] をクリックします。

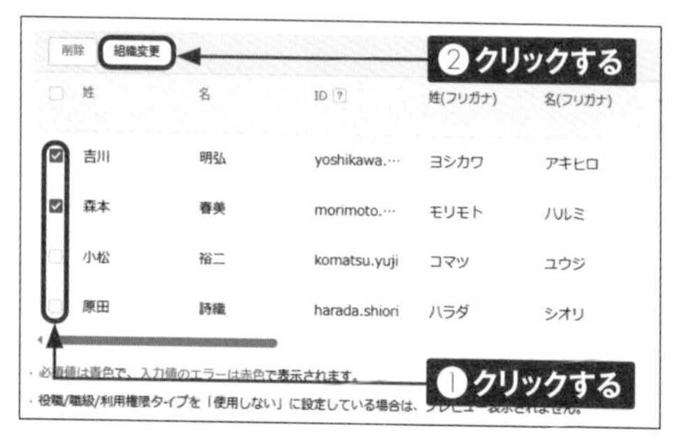

9 組織の選択ウィンドウが立ち上がります。登録するメンバーの所属チーム（組織）のチェックボックスをクリックしてチェックを付け、[OK] をクリックします。

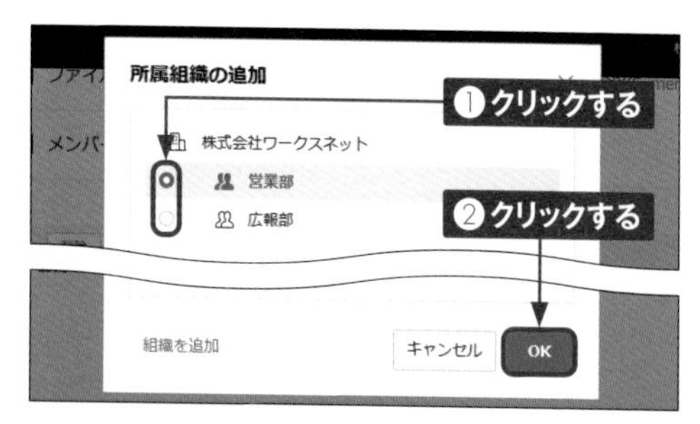

Memo 所属チーム（組織）の設定

手順⑧では追加メンバーの取り込み前に所属チーム（組織）を設定していますが、登録用ファイル（P.133Memo参照）に所属チーム（組織）を記載しておけば、この操作は不要です。所属チーム（組織）の設定を行わない場合は、手順⑧の画面で最上部のチェックボックスをクリックしてチェックを付け、P.135手順⑩に進みます。また、所属チーム（組織）を設定する際、手順⑨の画面で［組織を追加］をクリックすれば、新しいチーム（組織）を作成して追加メンバーを所属させることができます。

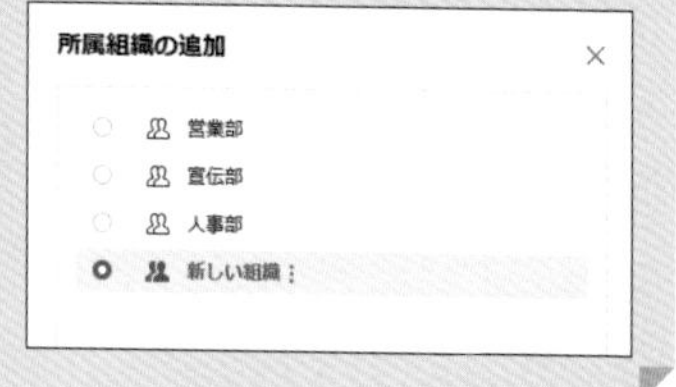

第7章 LINE WORKSを管理する

10 ［一括追加］をクリックして、取り込みを開始します。

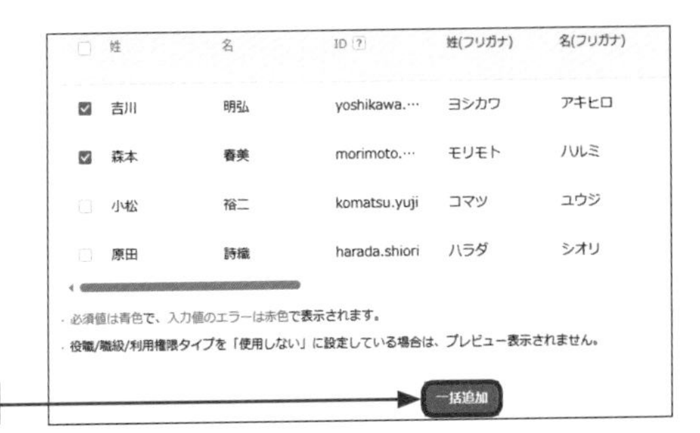

11 登録用ファイルにメールアドレスが記載されていない場合は、この画面でメールアドレスを登録します。メールアドレスを入力し、最上部のチェックボックスをクリックしてチェックを付けたら、［送信］をクリックします。

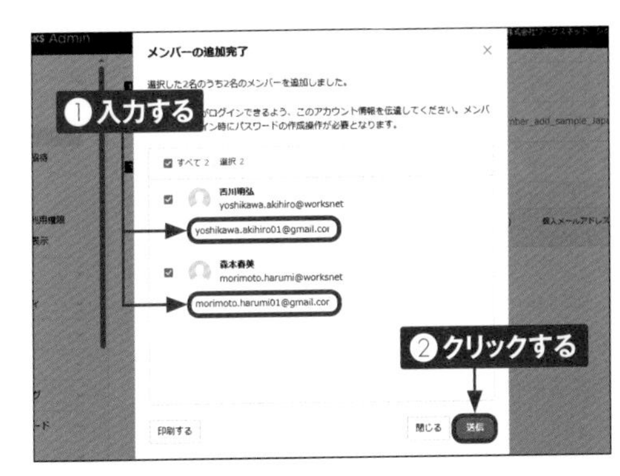

12 P.134手順⑧で選択したメンバーの登録が完了します。［閉じる］をクリックし、ほかの追加メンバーも同様の操作で登録します。

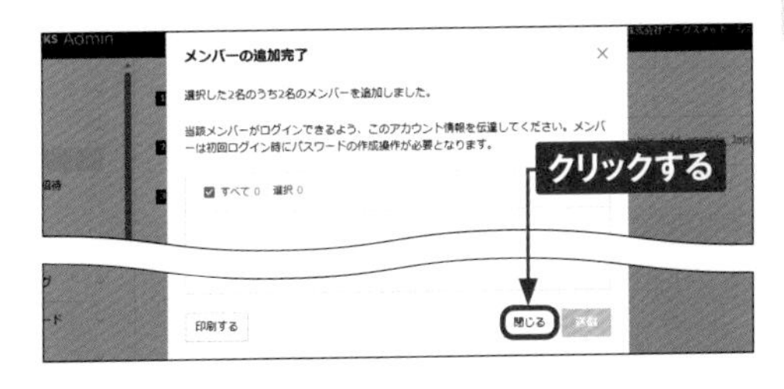

13 一括登録したメンバーは、「登録待ち」として表示されます。

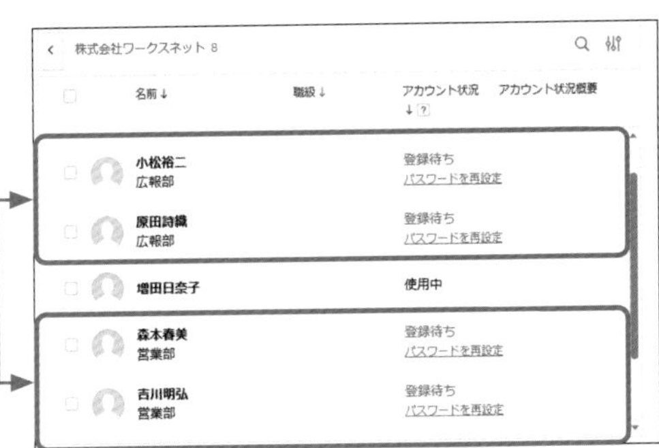

Section 60

会社情報を設定・変更する

ここでは、会社情報の設定とワークスグループ名の変更方法を説明します。有料プランでLINE WORKSの請求書にも表示される情報であるため、正しく設定しておきましょう。なお、ワークスグループ名の変更にはいくつかの注意点があります。

会社情報を設定・変更する

1 P.132手順①を参考に管理者画面を表示し、[会社情報] をクリックします。

佐藤大地さん、こんにちは！

会社情報 会社情報および言語設定 / 組織 組織の追加/修正/移動 / グループ グループの追加/修正 / 組織/グループ機能 ノート/フォルダ機能設定 / 掲示板管理 カテゴリー/権限設定 / 会社カレンダー メンバー全員が共有する予定 / 管理者権限 管理者指定および権限管理 / インストール状況 LINE WORKSアプリ使用状況

クリックする

2 会社情報で必要となる項目を入力または変更し、[保存] をクリックします。

会社情報

基本情報

ワークスグループ名 worksnet 変更

企業/団体名 株式会社ワークスネット

電話番号 03-0000-0000

言語・利用地域

①入力・変更する

②クリックする

保存 キャンセル

3 「変更内容を保存しますか?」画面で [OK] をクリックします。

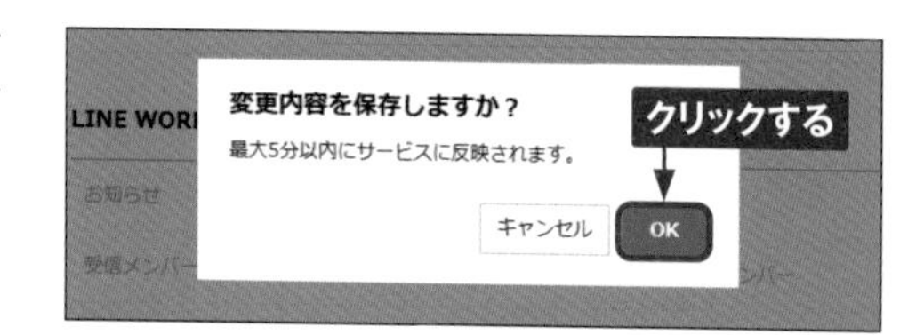

ワークスグループ名を変更する

1 P.136手順②の画面で、「ワークスグループ名」の［変更］をクリックします。

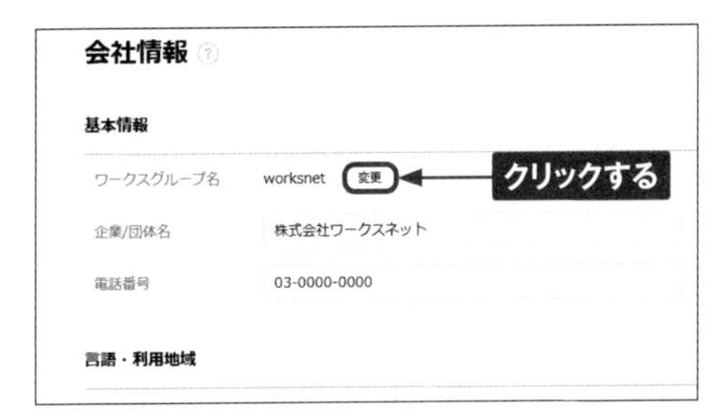

2 変更したいワークスグループ名を入力し、注意事項を確認して、［ワークスグループ名を変更］をクリックします。

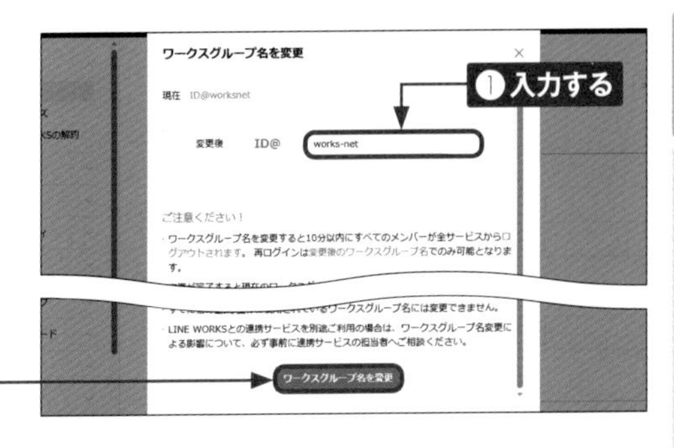

3 「ワークスグループ名を変更しています。」画面が表示されるので、［OK］をクリックします。

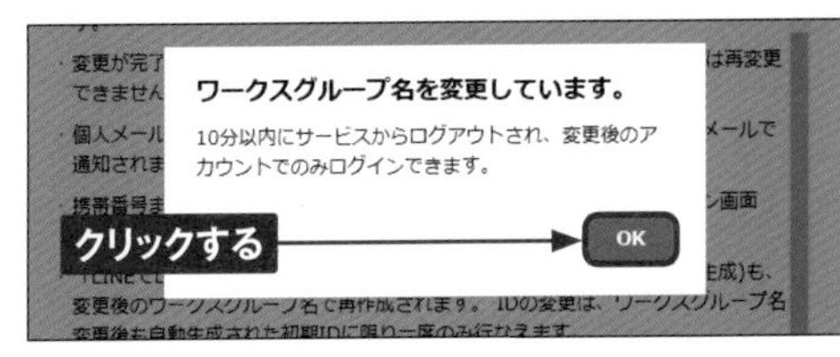

Memo ワークスグループ名を変更する際の注意点

ワークスグループを変更する際には、以下の点に注意しましょう。

- 変更後、10分以内にすべてのメンバーが全サービスから自動でログアウトされ、再ログインは変更後のワークスグループ名でのみ可能
- 変更以前のワークスグループ名は使用できなくなり、24時間は再変更不可
- すでにほかの企業／団体に使用されているワークスグループ名への変更不可
- LINE WORKSとの連携サービスを利用している場合、ワークスグループ名の変更による影響が出る可能性がある

Section 61

チーム（組織）を作成・管理する

LINE WORKSでは、企業／団体に合わせた組織情報を登録・管理できます。組織を適切に設定しておくことで、ユーザーの人数が増えてきてもまとめてグループメンバーに設定できるようになり、コミュニケーションの活性化が図れます。

チーム（組織）を作成する

1 P.132手順①を参考に管理者画面を表示し、［組織］をクリックします。

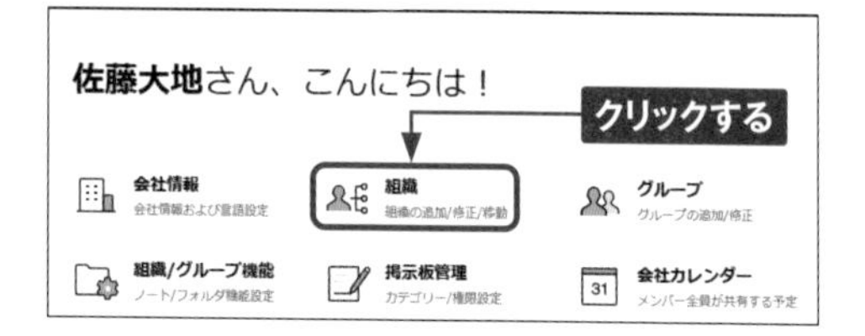

2 画面右上の［組織を追加］をクリックします。

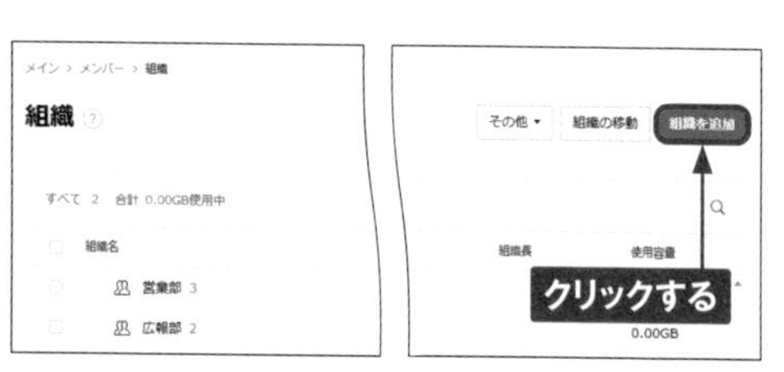

3 必要な項目を入力・設定し、［追加］をクリックします。

❶入力・設定する

❷クリックする

4 チーム（組織）の作成が完了し、チーム（組織）一覧に追加されます。

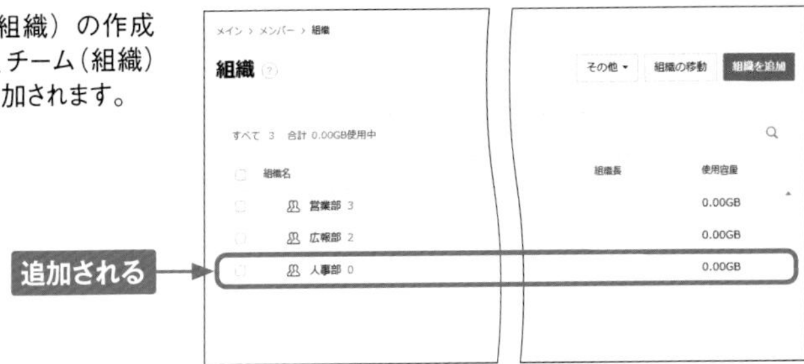

5 P.132手順①～②を参考にメンバー画面を表示し、チーム（組織）に所属させたいメンバーをクリックします。

6 この画面ではメンバーの情報のほかに、使用している端末やアクセスログなども確認できます。ここでは所属情報を変更するので、画面右上の［メンバーの修正］をクリックします。

7 「組織／役職」の［所属組織の追加］（所属組織が設定されている場合は×）をクリックし、所属させたい組織のチェックボックスをクリックしてチェックを付けたら、［OK］→［保存］の順にクリックします。

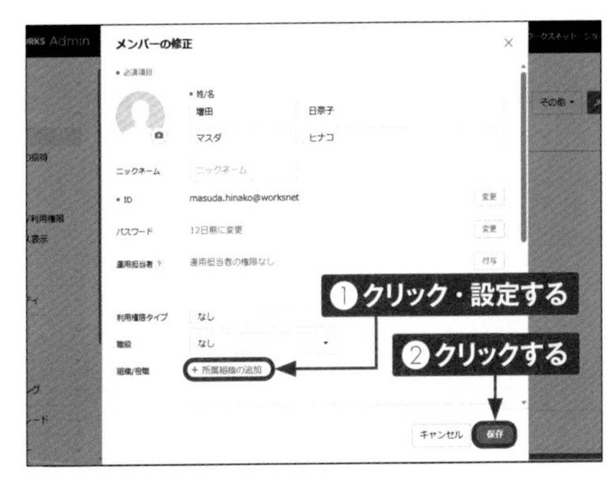

チーム（組織）の階層を編集する

1 チーム（組織）の階層を変更するには、P.138手順②の画面で［組織の移動］をクリックし、移動させたいチーム（組織）のチェックボックスをクリックしてチェックを付けたら、［移動先を選択］をクリックします。

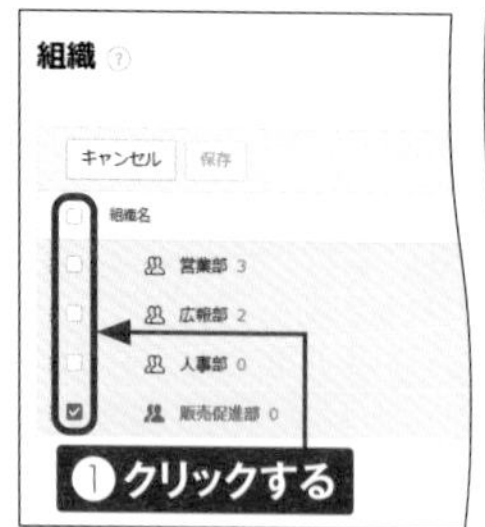

2 移動先のチーム（組織）のチェックボックスをクリックしてチェックを付け、［保存］をクリックします。

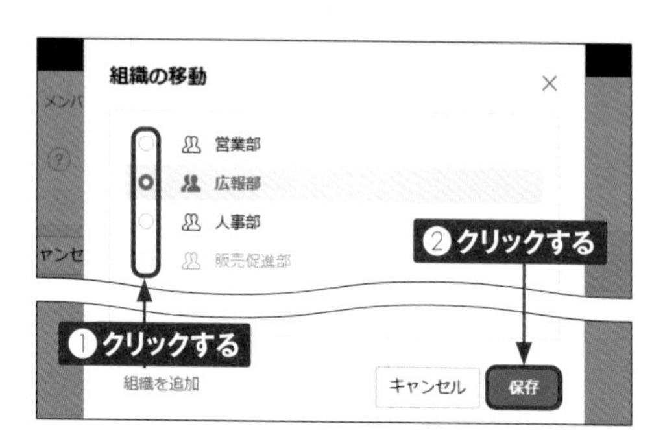

3 手順②で選択したチーム（組織）の下位層に追加されます。

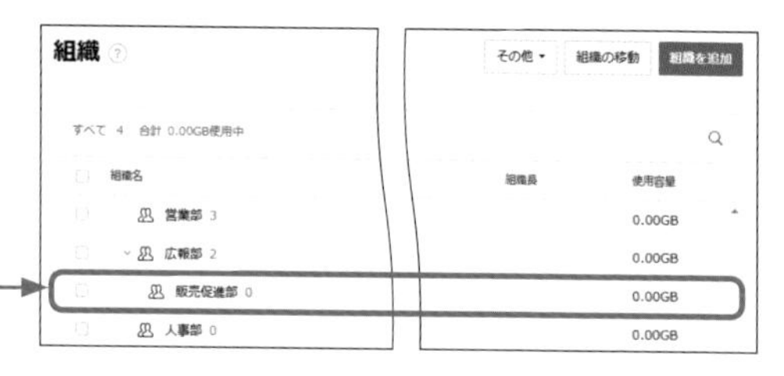

Memo チーム（組織）を上位層に戻す

下位層にあるチーム（組織）を上位層に戻す場合は、手順③の画面で［組織の移動］をクリックし、該当するチーム（組織）の⠿をドラッグ&ドロップして、任意の位置に移動させます。移動が完了したら、［保存］をクリックします。

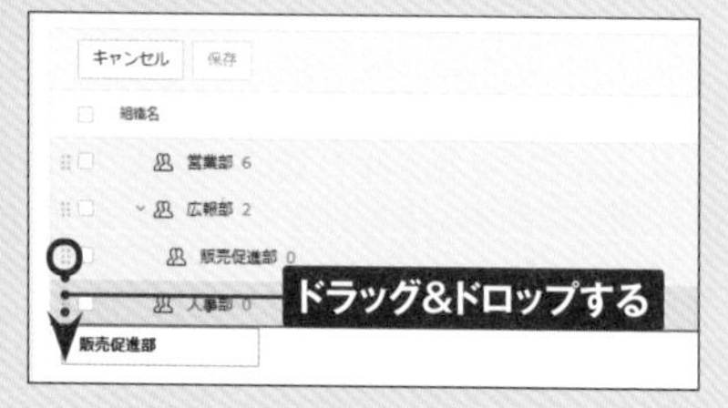

第7章 LINE WORKSを管理する

チーム（組織）の情報を設定・変更する

1 チーム（組織）の名称や設定などを変更する場合は、P.138手順②の画面で対象のチーム（組織）名（ここでは［広報部］）をクリックします。

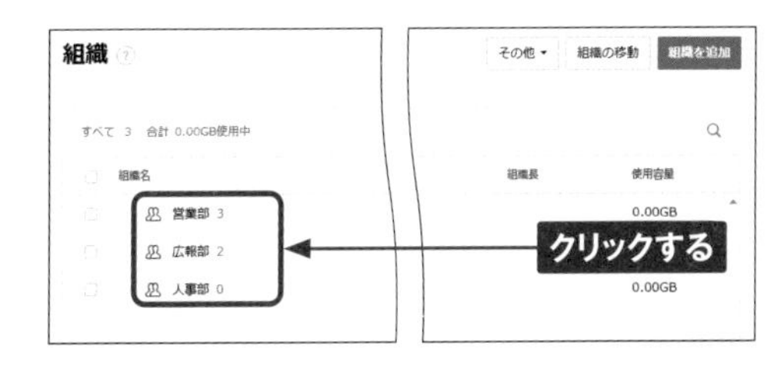

2 チーム（組織）の情報が表示されます。画面右下の［修正］をクリックします。このとき、画面左下の［組織長を変更］をクリックすると、メンバーを指定して組織長を設定・変更できます。

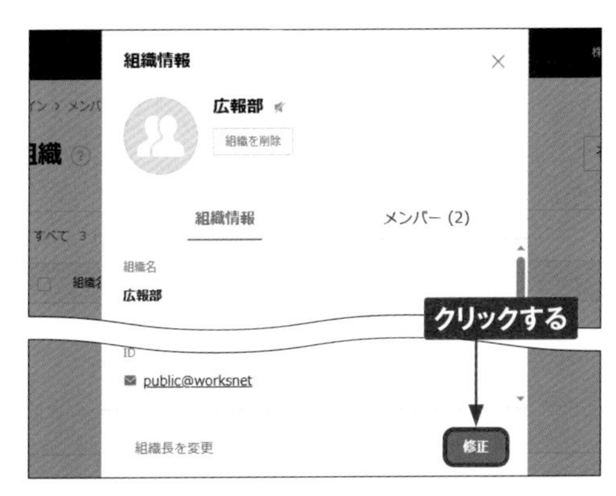

3 変更したい項目を入力・変更します。ここでは、チーム（組織）名を「広報部」から「宣伝部」に変更します。設定が完了したら、［保存］をクリックします。

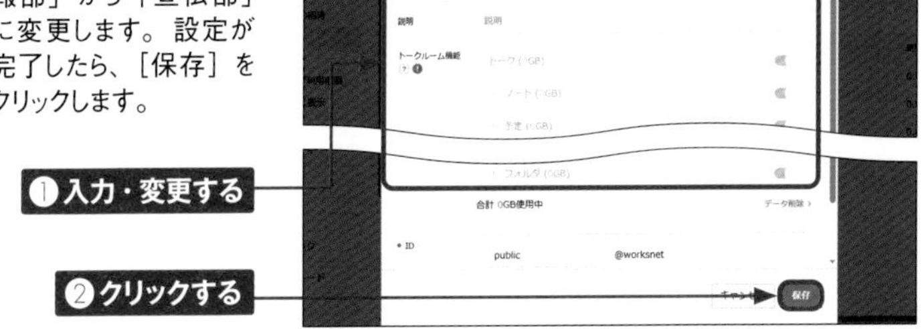

4 チーム（組織）の情報が変更されます。画面右上の×をクリックし、画面を閉じます。

Section 62

役職や職級を設定する

役職や職級を設定しておくと、アドレス帳で階層型（役職順）の組織構成となるため、閲覧がしやすくなります。組織変更ごとに再設定が必要となりますが、従業員の管理には必要となるため、設定方法を覚えておきましょう。

役職を追加する

1 P.132手順①を参考に管理者画面を表示し、画面左のメニューから［メンバー］→［役職／職級／利用権限］の順にクリックします。

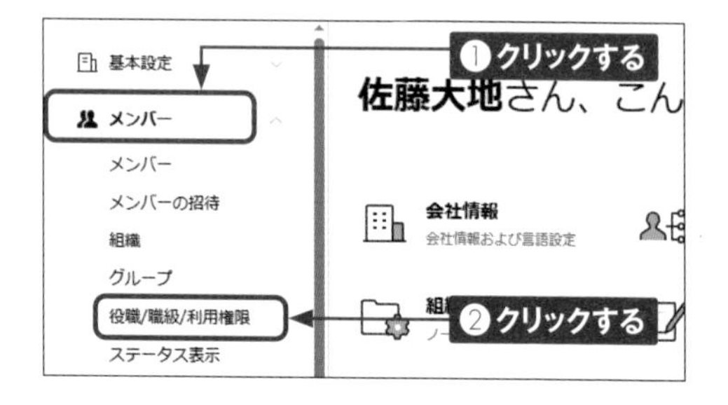

2 「役職」「職級」「利用権限タイプ」（有料プランのみ）を設定できます。ここでは「役職」画面右上の［修正］をクリックします。

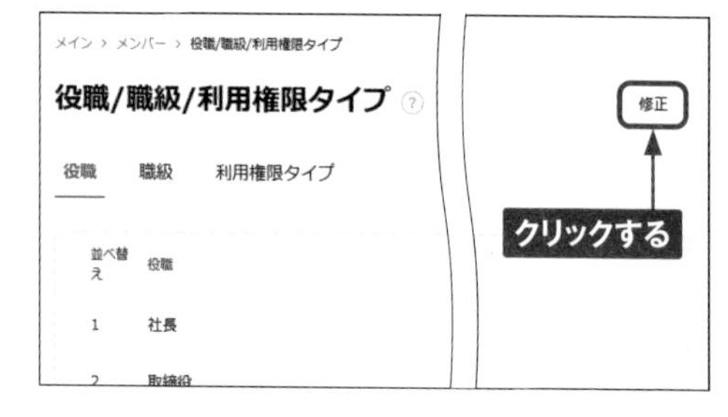

3 画面下部の［役職を追加］をクリックします。

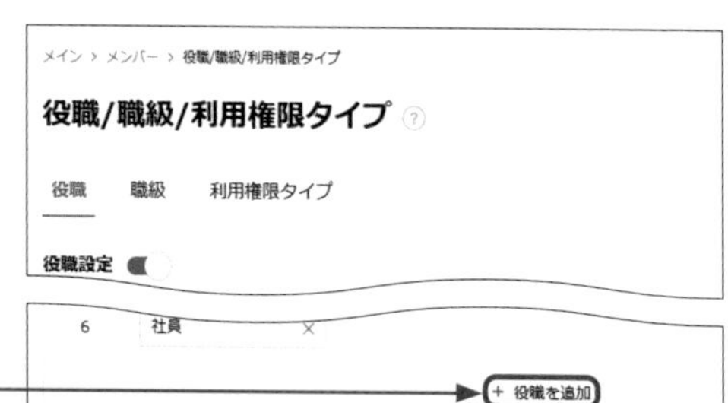

4 追加したい役職を入力します。このとき任意の役職にマウスポインタを合わせ、 をドラッグ&ドロップして役職の順番を変更することもできます。画面右上の[保存]をクリックします。

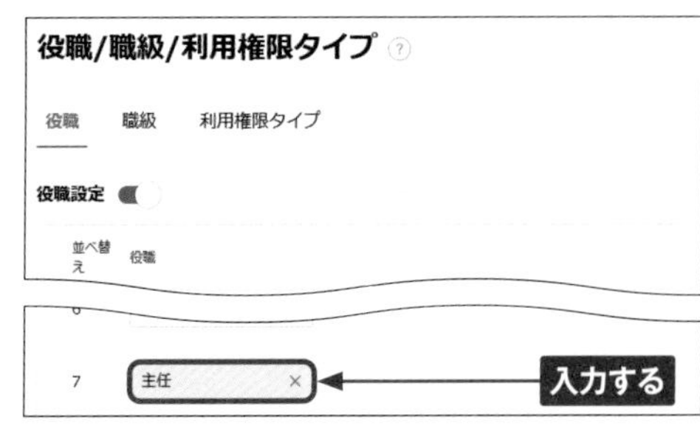

5 役職が追加されます。

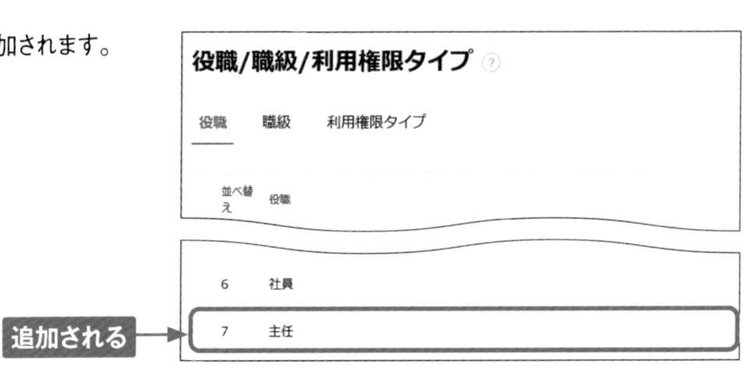

役職を設定する

1 P.132手順①〜②を参考にメンバー画面を表示します。役職を設定したいメンバーをクリックし、画面右上の［メンバーの修正］をクリックします。

2 「組織／役職」で任意の役職を設定し、［保存］をクリックします。

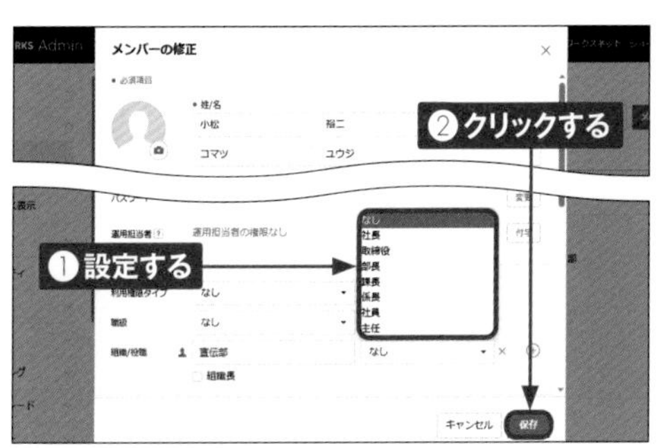

Section 63

管理者を追加する

利用人数が増えてくると、管理が複雑化してしまうほか、人的インシデントの発生を防ぐことも困難になってしまいます。適切に管理者を設置し、あらゆるリスクを未然に防ぎましょう。ここでは、管理者の追加と副管理者の設定について説明します。

管理者を追加する

1 P.132手順①を参考に管理者画面を表示し、[管理者権限]をクリックします。

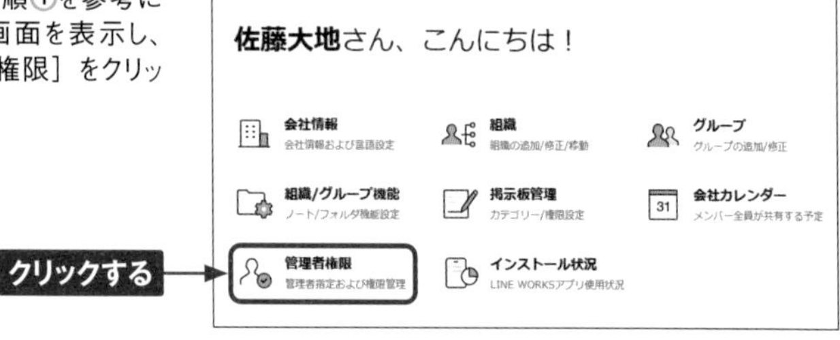

2 「最高管理者」画面から[管理者]をクリックすると、「最高管理者」がどのメンバーであるか確認できます。最高管理者は1名のみ設定できます。変更する場合は、画面右上の[権限委任]をクリックします。

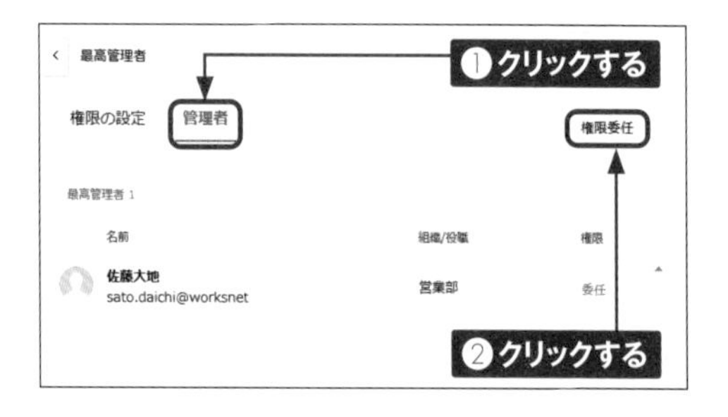

3 検索欄に最高管理者を委任するメンバーの氏名またはIDを入力し、該当するメンバーをクリックして、[次へ]をクリックすると、指定メンバー宛にメールが送信されます。メールから委任の承諾が行われると、変更が完了します。

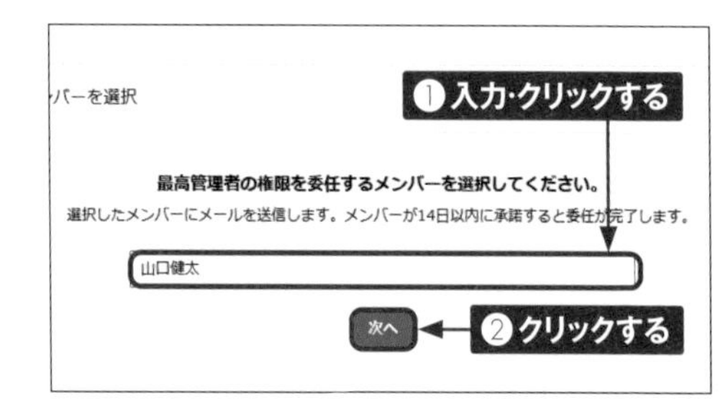

副管理者を設定する

1 「副管理者」は何名でも設定できます。P.144手順②の画面左の［副管理者］をクリックし、［管理者］をクリックして、画面右の［管理者の追加］をクリックします。

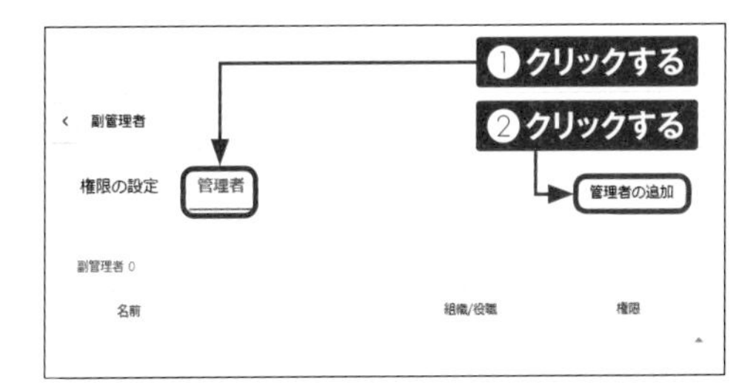

2 副管理者に設定したいメンバーのチェックボックスをクリックしてチェックを付け、［OK］をクリックします。

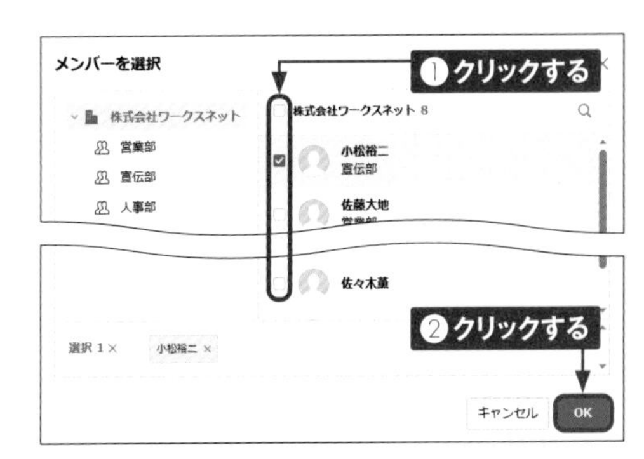

3 指定メンバーが副管理者に設定されます。

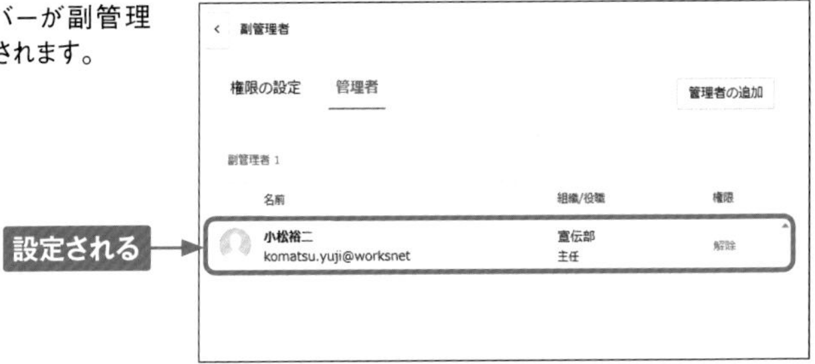

Memo 運用担当者を設定する／管理者権限を解除する

P.144手順②の画面で［運用担当者］をクリックし、［管理者］→［管理者の追加］の順にクリックすると、運用に必要な設定をまとめて管理できる「運用担当者」の設定が可能です（副管理者の設定と同様の操作）。副管理者／運用担当者の権限を解除する場合は、該当メンバーの「権限」から［解除］をクリックし、「権限を解除」画面で［OK］をクリックします。

Section 64

チーム（組織）やメンバーを削除する

企業／団体では、頻繁にメンバーの入れ替わりが発生します。効率よくメンバーを管理できるよう、どこのメニューで何ができるのかをしっかり把握しておきましょう。ここでは、チーム（組織）やメンバーの削除方法について説明します。

チーム（組織）を削除する

1 チーム（組織）を削除する場合は、P.138手順②の画面で対象のチーム（組織）のチェックボックスをクリックしてチェックを付け、［削除］をクリックします。

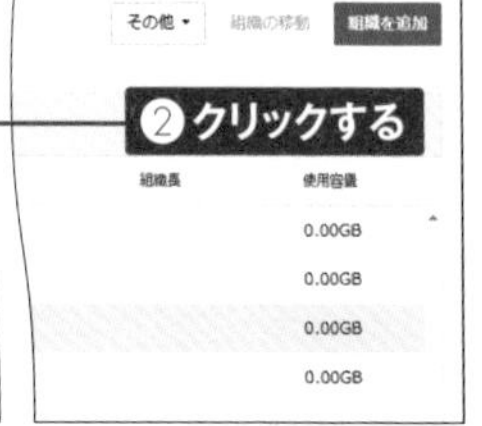

2 「組織を削除しますか?」画面が表示されます。注意事項を確認し、問題なければチェックボックスをクリックしてチェックを付け、［OK］をクリックします。

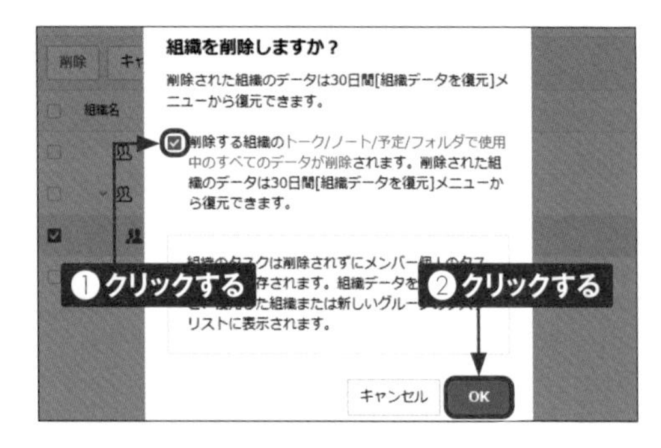

3 チーム（組織）が削除されます。なお、削除後30日以内であれば一度のみデータの復元が可能です。P.138手順②の画面右上の［その他］をクリックし、［組織データを復元］をクリックします。

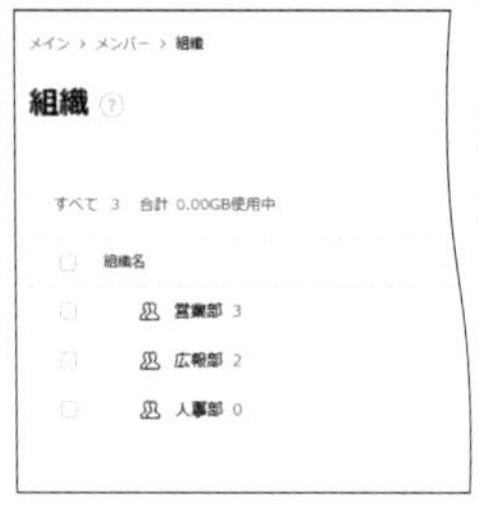

メンバーを削除する

1 P.132手順①～②を参考にメンバー画面を表示し、削除したいメンバーをクリックします。画面右上の［その他］をクリックし、［アカウント削除］をクリックします。

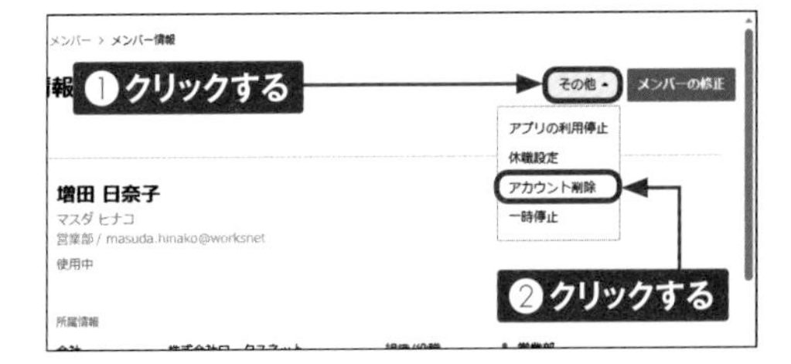

2 注意事項をしっかり確認し、問題なければチェックボックスをすべてクリックしてチェックを付け、［削除］をクリックします。

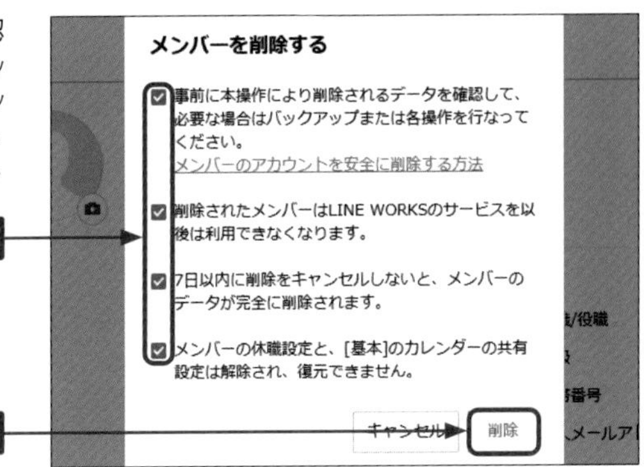

3 メンバーのアカウントが一時的に削除され、7日後に完全に削除されます。すぐに完全に削除したい場合は［完全に削除］、削除を取り消したい場合は［キャンセル］をクリックします。

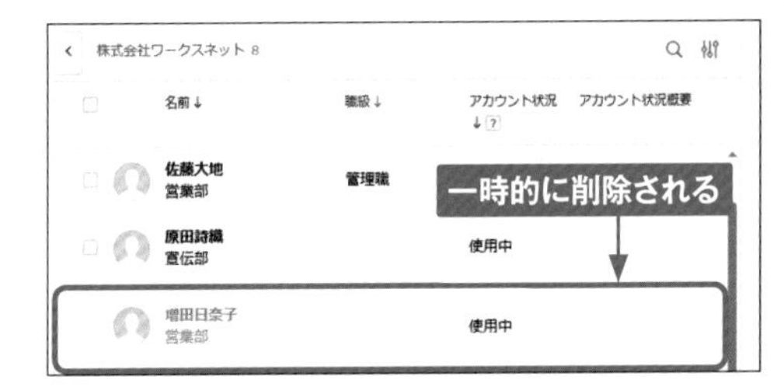

Memo メンバーのアカウントを制御する

手順①の画面の「その他」のメニューでは、「アカウント削除」のほかにもメンバーのアカウントを制御する項目があります。「アプリの利用停止」はアプリの使用を停止し、Webブラウザ版のみでの利用となります。「休職設定」は指定した期間中にプロフィールや組織図に「休職」と表示され、期間終了後に自動解除されます。「一時停止」はLINE WORKSにログインできないようにする設定で、パソコンやスマートフォンを紛失した際に情報の漏えい防止のために利用します。

Section 65

会社カレンダーに予定を登録する

企業／団体の行事など、すべてのメンバーに共有すべき予定を登録・管理できるのが会社カレンダーです。会社カレンダーは、管理者のみ登録・修正・削除が可能です。ここでは、会社カレンダーの予定の登録方法について説明します。

会社カレンダーに予定を登録する

1 P.132手順①を参考に管理者画面を表示し、［会社カレンダー］をクリックします。

2 画面右上の［予定作成］をクリックします。

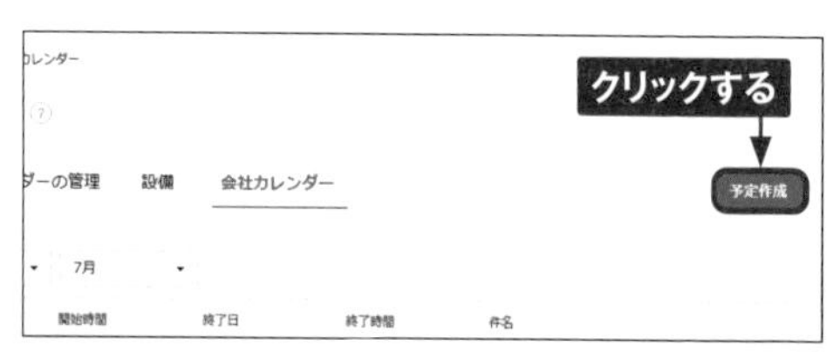

3 予定の「件名」「日時」など、必要な情報を入力・設定し、［保存］をクリックします。

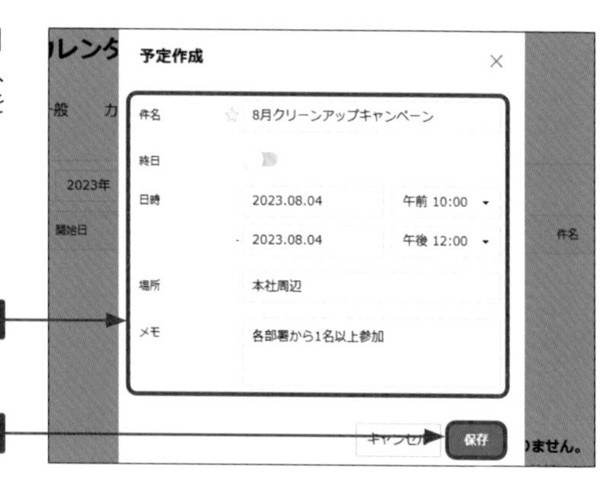

④ ［OK］をクリックします。

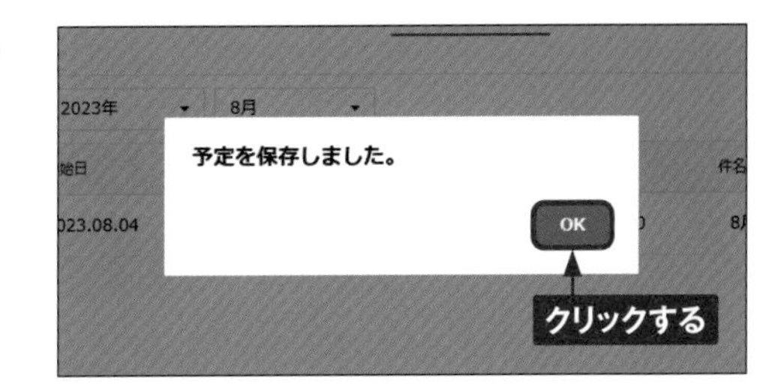

⑤ 予定が登録されます。

⑥ 「カレンダー」画面を確認すると、会社カレンダーの予定が登録されていることを確認できます。

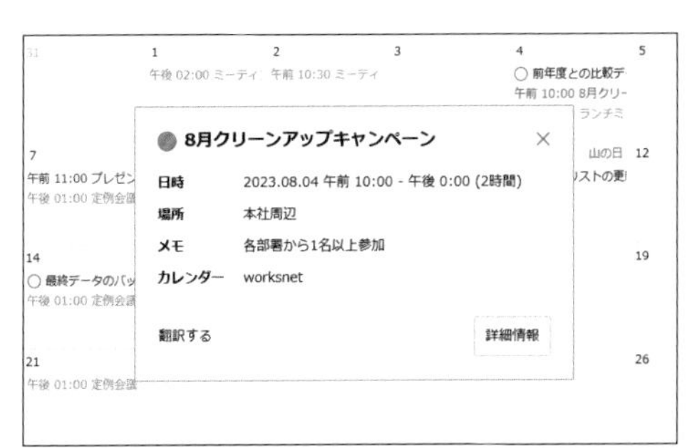

Memo 会社の設備を追加する

P.148手順②の画面で［設備］をクリックし、画面右上の［設備追加］をクリックすると、会社の会議室や社用車などの設備情報を追加できます。追加が完了すると、カレンダーで予定を登録する際、「設備の予約」画面で追加した設備が選択できるようになります（P.93参照）。

Section 66

メンバーが利用できる機能を管理する

スタンダードプラン、アドバンストプランであれば、メンバーが利用する機能を管理できます。会社で貸与している端末でのみ使用を可能にしたい、などセキュリティ対策を考えている場合は、有料プランの検討を視野に入れるとよいでしょう。

メンバーが利用できる機能を管理する

1 P.132手順①を参考に管理者画面を表示し、[セキュリティ] → [サービス利用設定] の順にクリックします。

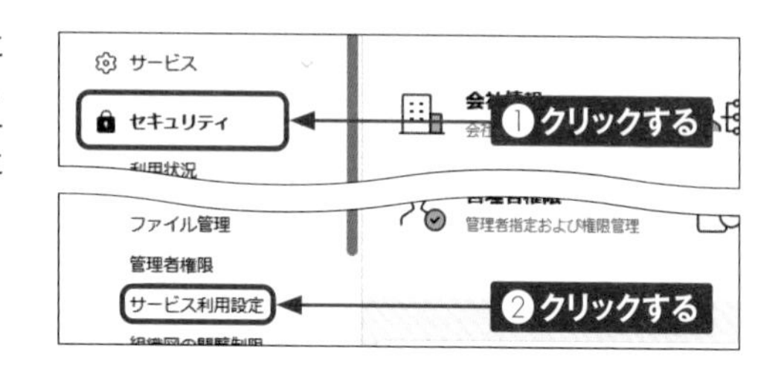

2 「利用サービスの設定」「利用権限タイプ」「メンバー」を設定できます。

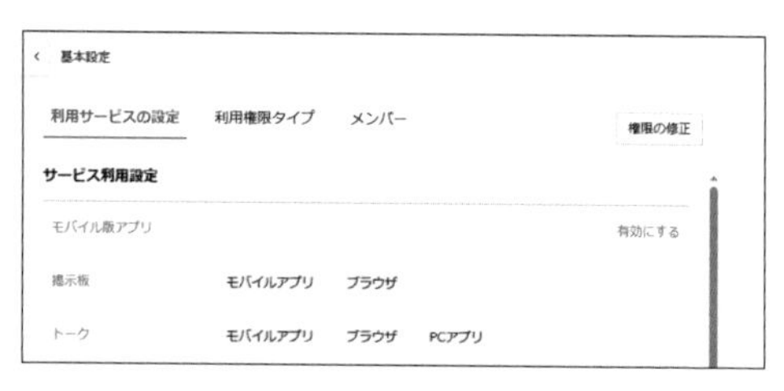

Memo チーム（組織）／グループで利用できる機能を管理する

全チーム（組織）・全グループを同一設定にしてしまうと、ストレージを無駄に消費してしまう可能性があります。実際にはチーム（組織）やグループごとに利用する機能が異なることが多く、LINE WORKSではそうした制御もかんたんに設定が行えます。たとえば内勤のチーム（組織）やグループであればサーバーやローカルPCにデータが保存できるため、LINE WORKS上のフォルダ機能が不要であることが多いです。管理者画面で［メンバー］→［組織］→任意のチーム（組織）（または［グループ］→任意のグループ）の順にクリックし、不要な機能の利用を無効にすれば、ストレージの無駄な消費を抑えることが可能です。

第8章

スマートフォンで LINE WORKSを利用する

Section 67

スマートフォンアプリ版「LINE WORKS」の画面の見方

LINE WORKSはスマートフォンでの利用に最適化されているため、パソコンがなくても十分にコミュニケーションを取ることができます。あらかじめスマートフォンアプリ版の「LINE WORKS」をインストールしておきましょう。

スマートフォンアプリ版「LINE WORKS」にログインする

① 「LINE WORKS」アプリをインストールして起動し、[ログイン]をタップします。

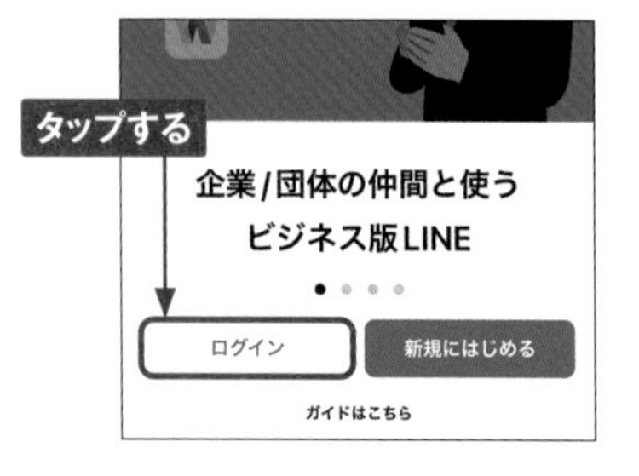

② 電話番号またはIDを入力して[ログイン]をタップし、パスワードを入力して[ログイン]をタップします。電話番号の認証に関する画面が表示された場合、ここでは[キャンセル]をタップします。

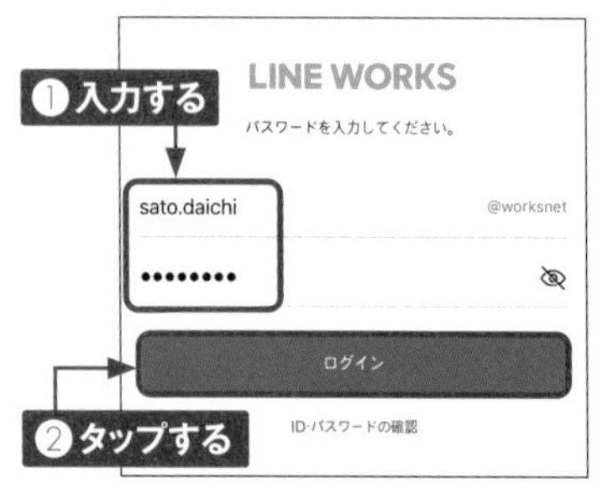

③ タイムゾーンに関するメッセージが表示された場合は、[はい]をタップします。LINE WORKSの機能説明やアップデート情報が表示された場合、ここでは[あとで見る]や×をタップします。

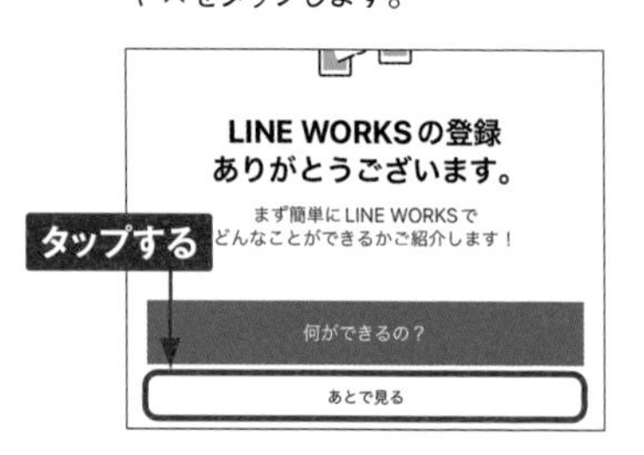

④ ログインが完了し、「ホーム」画面が表示されます。

スマートフォンアプリ版「LINE WORKS」の画面

❶	アカウントの追加や切り替えを行えます。
❷	アカウントのQRコードが表示されます。
❸	さまざまな設定の項目が表示されます。
❹	ログイン中のアカウントが表示されます。
❺	「タスク」「アンケート」などのサービスメニューが表示されます。
❻	「メンバー」「組織」「グループ」「管理者画面」などの管理者メニューが表示されます。
❼	機能やサービスにすばやくアクセスできる「ホーム」が表示されます。
❽	メンバーやグループの「トーク」が表示されます。
❾	「掲示板」が表示されます。
❿	「カレンダー」が表示されます。
⓫	組織図、連絡先などの「アドレス帳」が表示されます。

Memo アカウントを切り替える／ログアウトする

スマートフォンアプリ版ではアカウントを5つまで登録可能で、容易にアカウント切り替えができるのがメリットです。アカウントを追加または切り替えを行う場合は、画面下部の［ホーム］をタップし、企業／団体名（上表❶参照）をタップします。また、ログアウトさせたいアカウントがある場合は画面右上の［管理］をタップし、「アカウントの管理」画面で該当アカウントの●をタップして［ログアウト］をタップします。

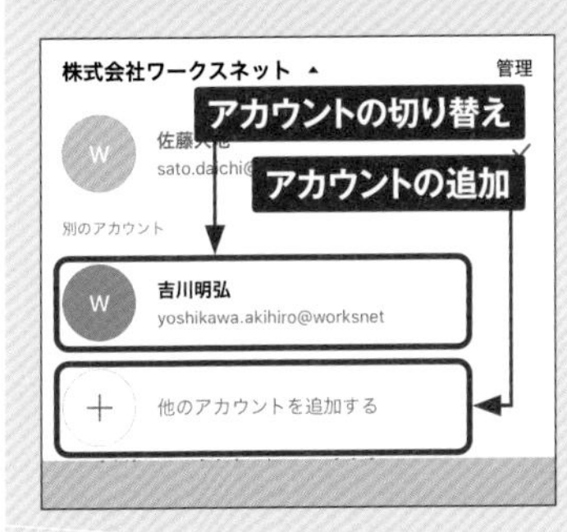

Section 68

メッセージを送信する

「トーク」機能では、「LINE」アプリと同じ感覚での操作が可能です。移動中やスキマ時間でもすぐにメッセージの確認や返信ができるほか、スタンプやリアクションの送信、引用やリプライ、トークルームの作成もかんたんに行えます。

トークルームを作成してメッセージを送信する

1 画面下部の［トーク］をタップし、⊕をタップします。

2 表示されるメニューから［社内メンバーとトーク］をタップします。

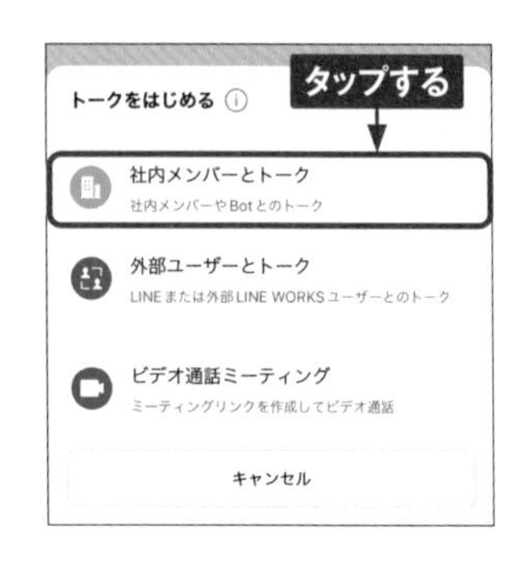

3 自分の所属するチーム（組織）のメンバーが表示されます。

Memo 所属外のチーム（組織）やメンバーを表示する

手順③の画面でほかのチーム（組織）やメンバーを表示させる場合は、［TOP］をタップします。

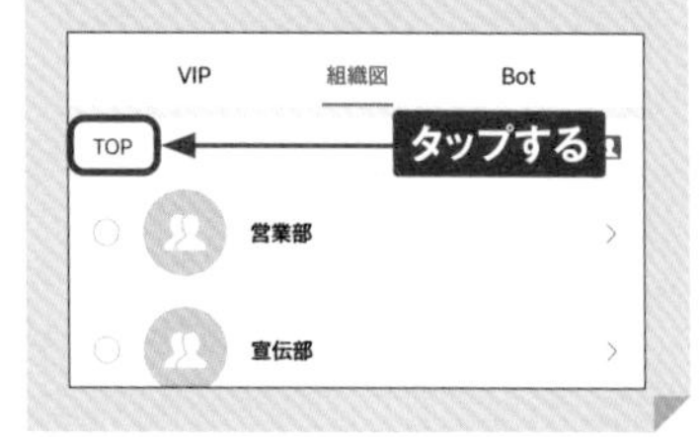

4 トークルームを作成したいメンバーのチェックボックスをタップしてチェックを付け、［OK］をタップします。

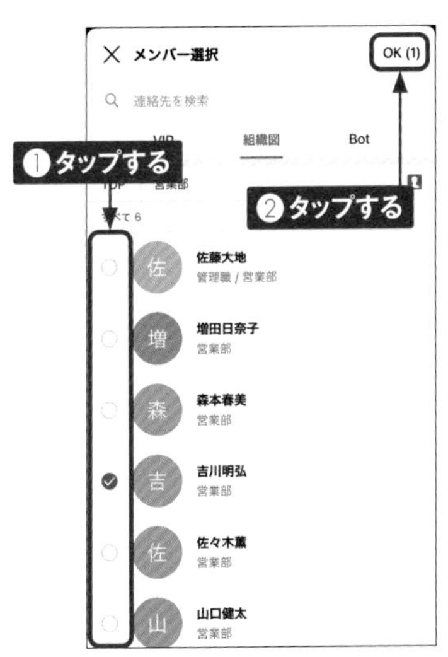

5 トークルームが作成されます。以降は、作成されたトークルームを手順①の画面でタップすると、トークルームが表示されます。

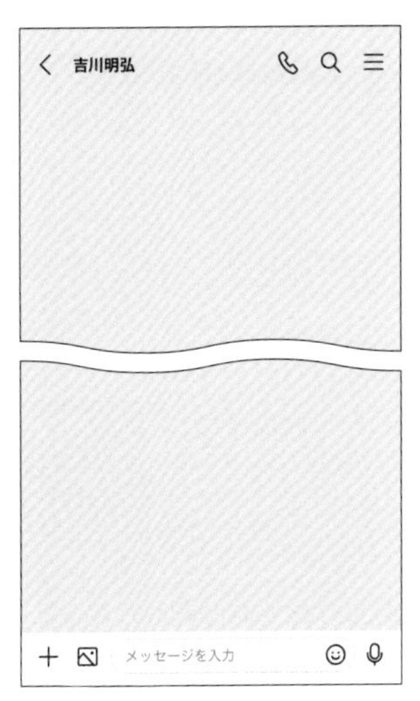

6 画面下部のメッセージ入力欄にメッセージの内容を入力し、➤をタップします。

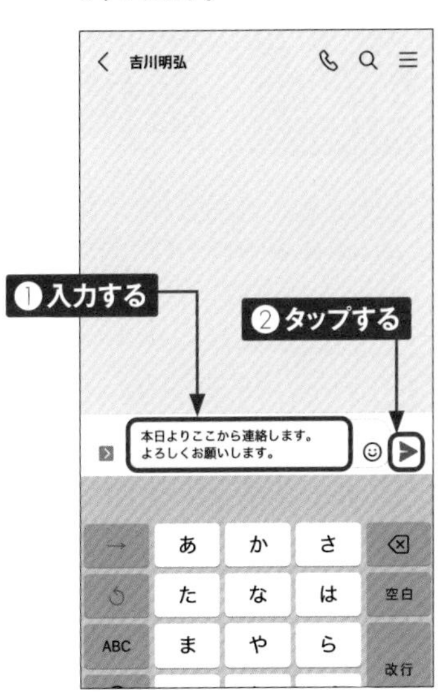

7 メッセージが送信されると、青い吹き出しで画面右側に表示されます。なお、ほかのメンバーからのメッセージは、白い吹き出しで画面左側に表示されます。

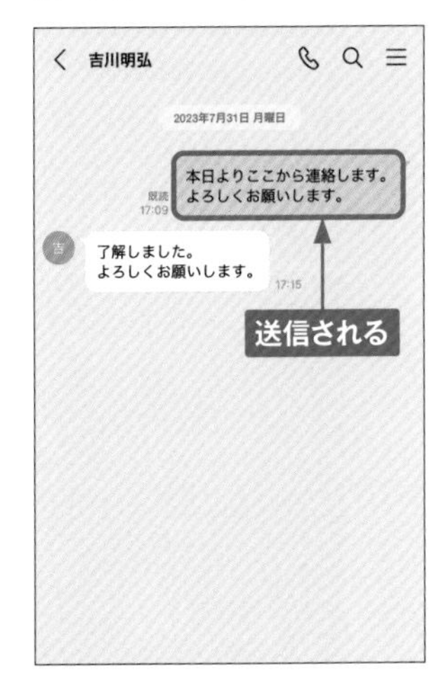

Section 69

写真やファイルを送信する

撮影または保存されている写真を送信したり、ドライブなどに保存されているファイルの送信したりすることも手軽に行えます。とくにその場で撮影した写真を送信できるのはスマートフォンアプリ版ならではの機能のため、ぜひ活用してみましょう。

写真を送信する

1 トークルームを表示し、メッセージ入力欄の左の🖼をタップして（表示されていない場合は>をタップすると表示されます）、📷をタップします。

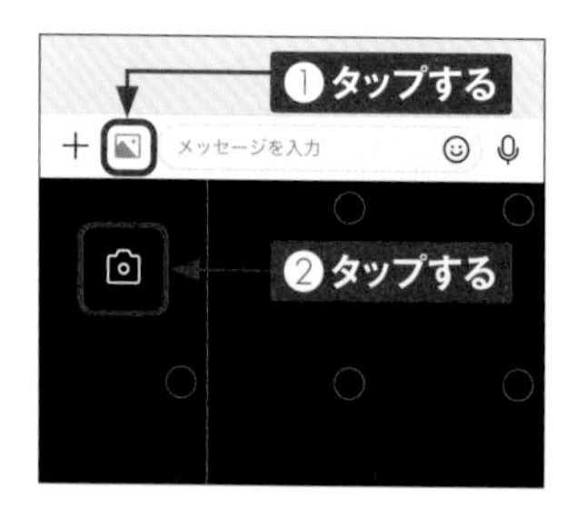

2 被写体をカメラに写し、◯（Androidスマートフォンでは［写真を撮る］→◯）をタップして撮影します。

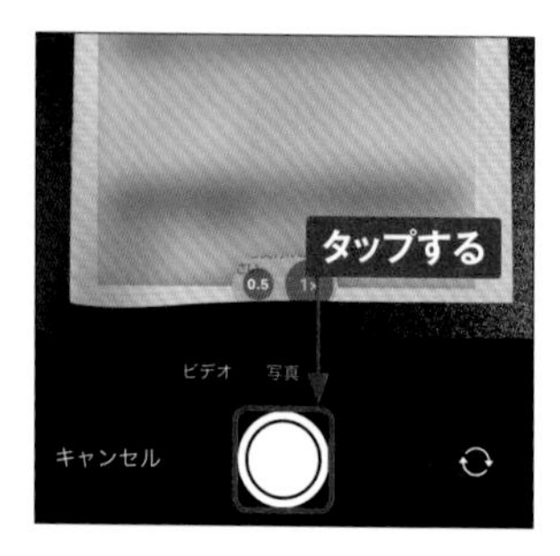

3 問題がなければ、画面右下の［写真を使用］をタップし、画面右上の［送信］をタップします。

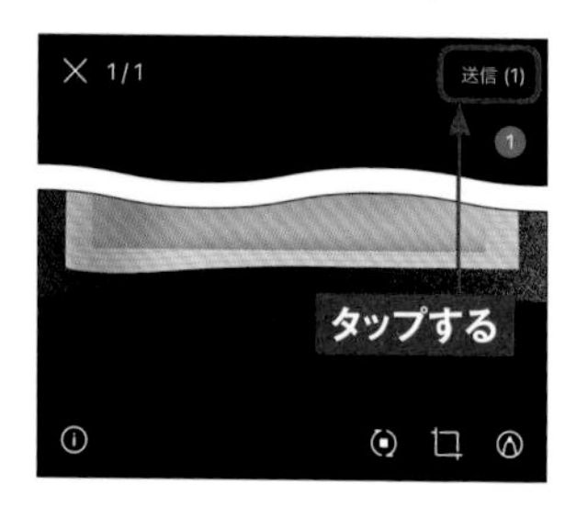

4 写真が送信されます。

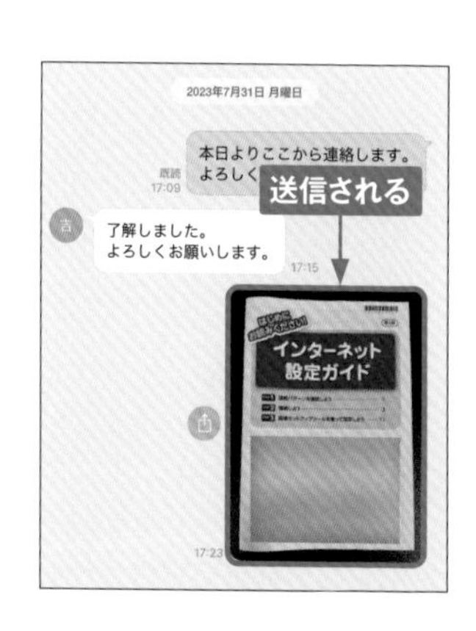

ファイルを送信する

1 メッセージ入力欄の左の＋をタップし（表示されていない場合は▶をタップすると表示されます）、［ファイル］をタップします。

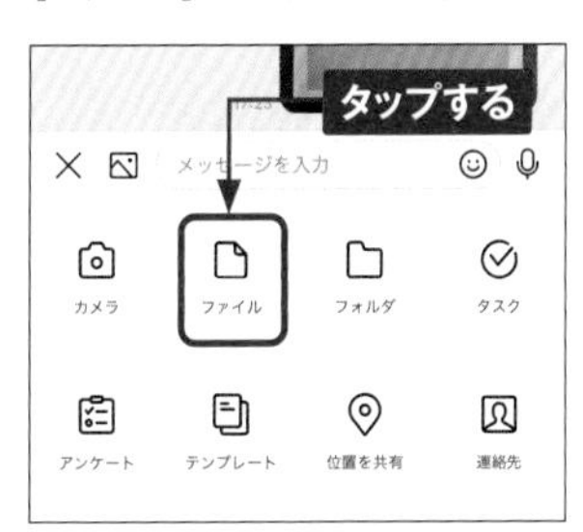

2 送信したいファイルをタップします。

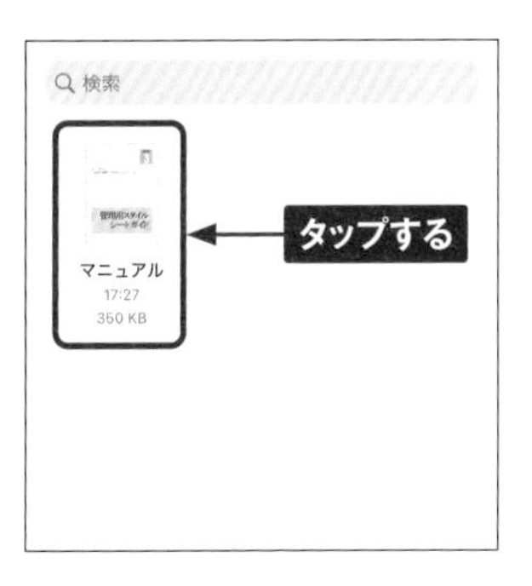

3 問題がなければ、［送信］（Androidスマートフォンでは［OK］）をタップします。

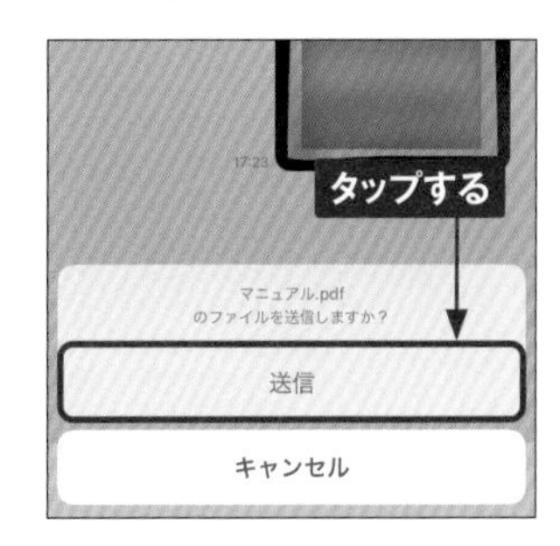

4 ファイルが送信されます。

Memo **保存されている写真を送信する**

P.156手順①の画面で▦をタップすると、端末に保存されている写真が表示されます。送信したい写真の右上のチェックボックスをタップしてチェックを付け、［送信］をタップします。なお、送信前に写真を編集したい場合は、P.156手順③の画面（端末に保存されている写真の場合は、写真の選択画面で編集したい写真をタップ）で任意の編集を行い、［送信］をタップします。

Section 70

音声通話を発信する

スマートフォンアプリ版では、通常の電話機能と同様に違和感なく音声通話を行うことができます。ここでは、1対1の通話とグループでの通話の操作を説明します。なお、通話中はデスクトップアプリ版と同じようにさまざまな操作を行えます（P.161参照）。

1対1の音声通話を発信する

1 通話をしたい相手とのトークルームを表示し、画面右上の📞をタップします。

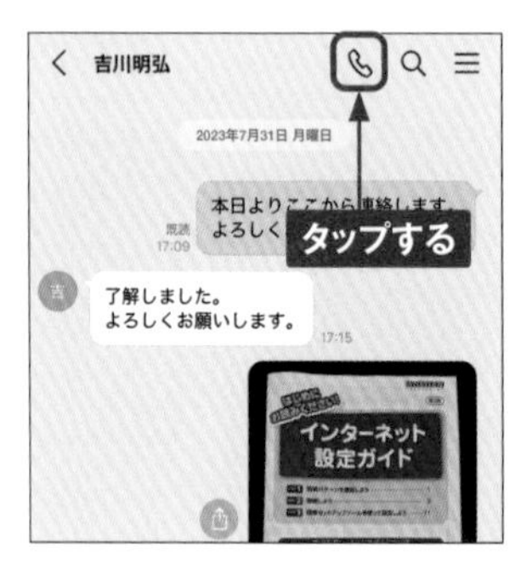

2 ［無料通話］をタップします。

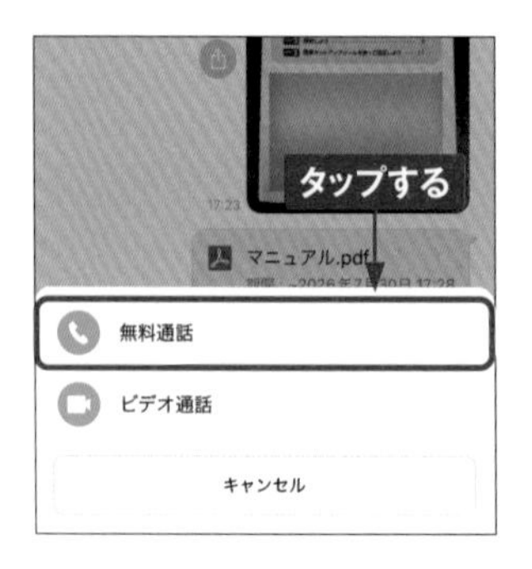

3 呼び出し画面が表示されます。なお、1対1の通話に招待された場合は着信画面が表示されるので、［応答］や✓をタップします。

4 相手が応答すると、通話が開始されます。通話を終了するには、画面右上の［終了］をタップします。

グループの音声通話を発信する

① 通話をしたいグループのトークルームを表示し、画面右上の📞をタップして、[音声通話] をタップします。

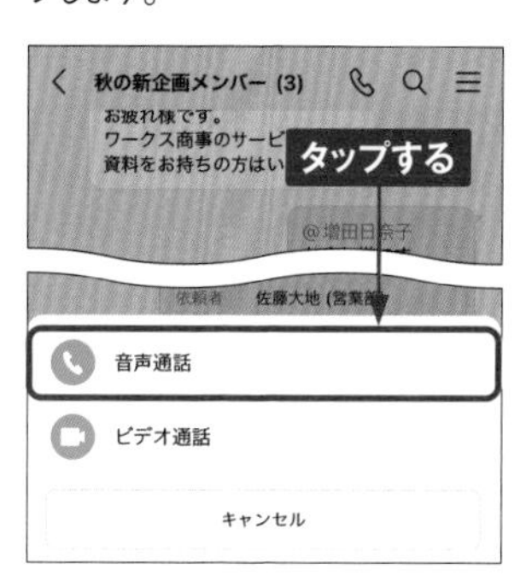

② 確認画面で [OK] をタップします。

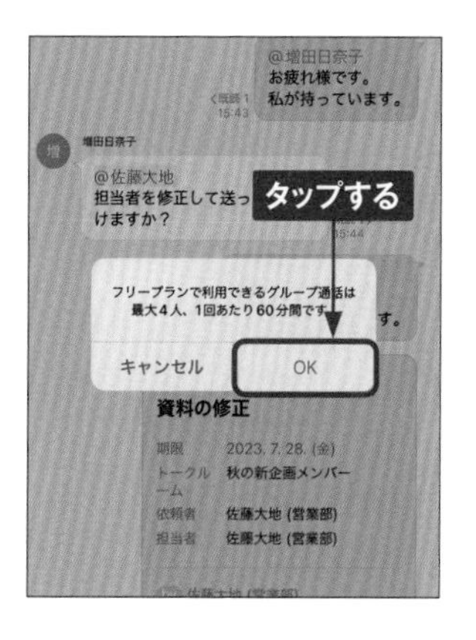

③ 呼び出し画面が表示され、相手が応答すると、通話が開始されます。なお、グループの通話に招待された場合はトークルーム上部にお知らせが表示されるので、[参加] をタップします。

④ 通話を終了するには画面右上の [退室] をタップし、「自分だけ退室」または「ミーティングを終了」のいずれかのチェックボックスをタップしてチェックを付け、[OK] をタップします。

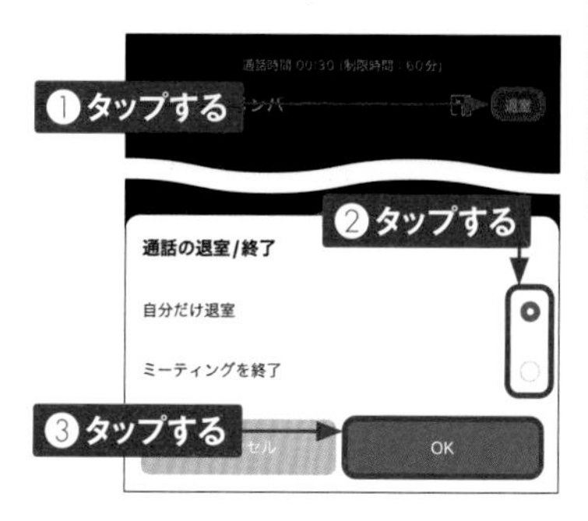

Memo アドレス帳から音声通話を発信する

1対1の音声通話は、トークルームから発信する方法と、アドレス帳から発信する方法の2つがあります。アドレス帳から音声通話を発信するには、下部のメニューから [アドレス帳] をタップし、通話したい相手をタップして、[無料通話] をタップします。

Section 71

ビデオ通話に参加する

スマートフォンアプリ版でもビデオ通話に参加することができます。デスクトップアプリ版と同様にバーチャル背景が利用できるほか、通話中にほかの機能を操作することも可能です。ここでは、ミーティングリンクからの参加方法を説明します。

ミーティングリンクからビデオ通話に参加する

1 トークルームに届いたミーティングリンクをタップします。

2 参加前に設定画面が表示されるので、ここでは背景を設定するために、[背景／フィルター] をタップします。とくに設定を行わない場合は、[カメラをONにして通話] をタップします。

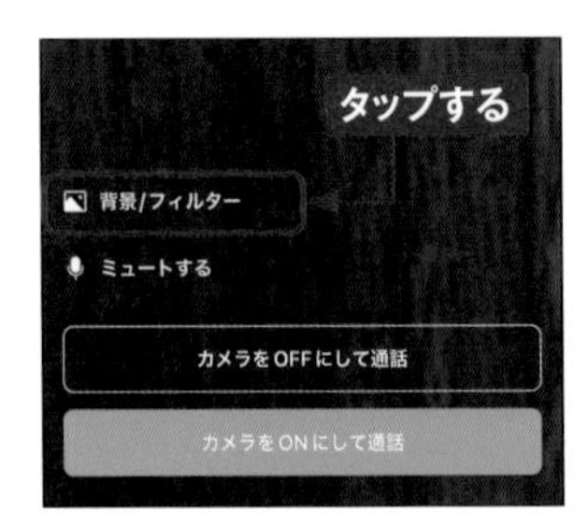

3 使用したい背景画像をタップ（必要に応じて⬇をタップしてダウンロード）し、[キャンセル] をタップしたら、[カメラをONにして通話] をタップします。

Memo ビデオ通話を発信する

自分からビデオ通話を発信する場合は、P.158手順②またはP.159手順①の画面で [ビデオ通話] をタップします。また、ミーティングリンクを作成したり、カレンダーで作成した予定から発信したりすることも可能です。

4. 通話が開始されます。画面下部のアイコンをタップすることで、カメラやマイクのオン／オフ、画面共有（iPhoneのみ）などを操作できます。

5. 通話中にほかの機能を使用する場合は、画面右上の◻をタップします。Androidスマートフォンでは、[LINE WORKS]をタップして[他のアプリの上に重ねて表示できるようにする] を ● にします。

6. 通話画面が縮小表示に切り替わり、トークルームやアドレス帳、カレンダーなどを操作することができます。もとの画面に戻す場合は、縮小画面をタップします。また、手順④の画面下部の［その他］→［トーク］の順にタップすることでも、すぐに通知中の相手とのトークルームが表示されます。

7. 通話を終了するには画面右上の［退室］をタップし、「自分だけ退室」または「ミーティングを終了」のいずれかのチェックボックスをタップしてチェックを付け、［OK］をタップします。

Section 72 グループを利用する

LINE WORKSのメイン機能ともいえる「グループ」機能は、スマートフォンアプリ版からでも利用が可能です。ここでは、グループの作成方法とメンバーの追加方法を設定します。

グループを作成する

1 画面下部の［アドレス帳］をタップし、画面左上の≡をタップします。

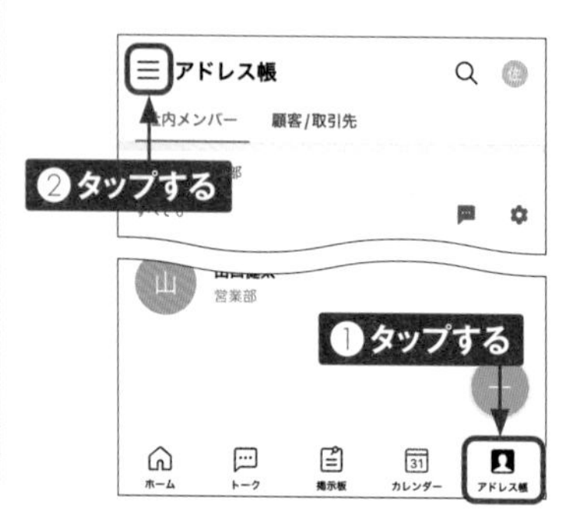

2 表示されるメニューから［グループ］をタップします。

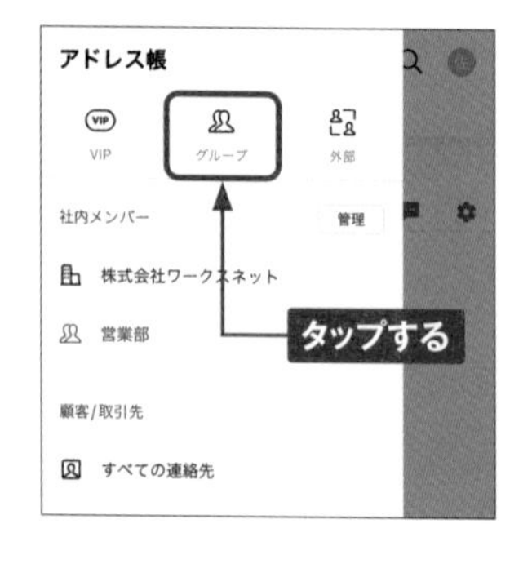

3 ⊕をタップします。

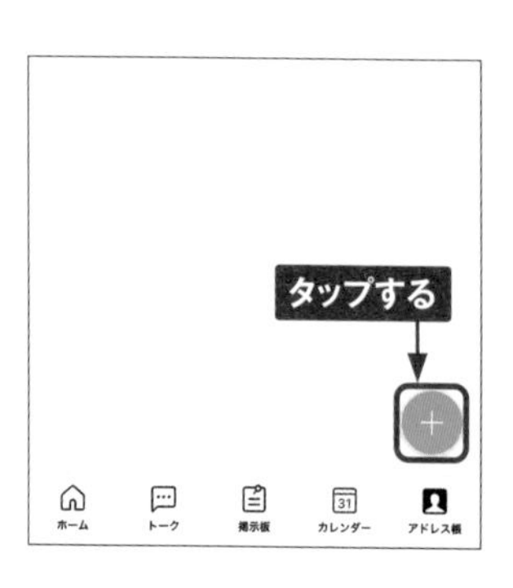

4 ［グループ作成］をタップします。

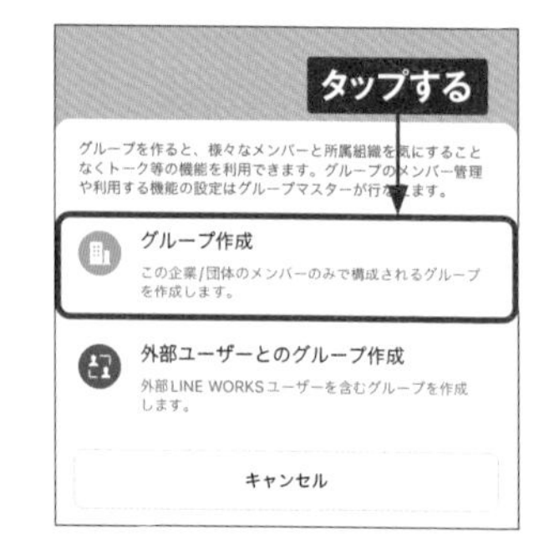

5 「グループ名」「グループ説明」を入力し、［グループメンバー］をタップします。

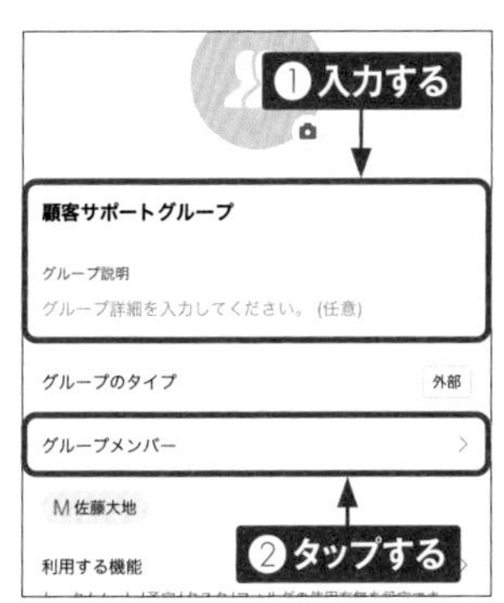

6 画面右上の ![]をタップします。

7 グループを作成したいメンバーのチェックボックスをタップしてチェックを付け、［OK］をタップします。

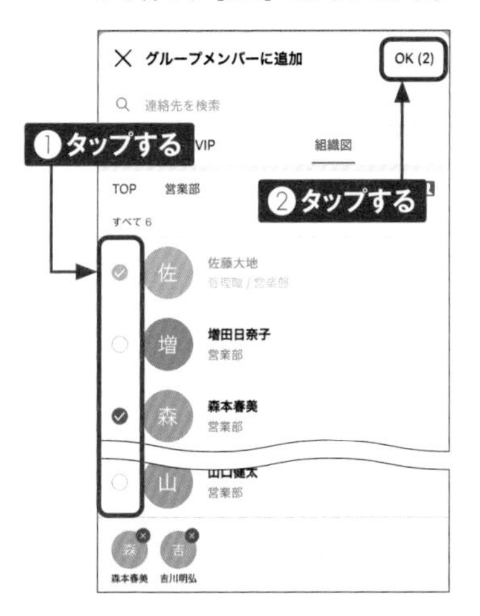

8 画面左上の＜をタップします。

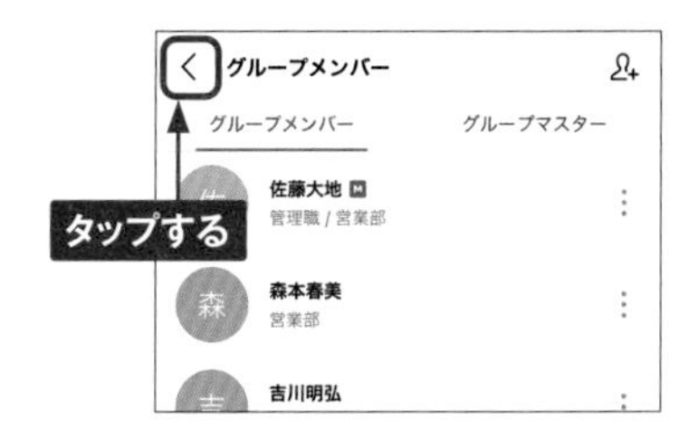

9 必要に応じてそのほかの項目を設定し、画面右上の［保存］をタップします。

10 グループが作成されます。

第8章 スマートフォンでLINE WORKSを利用する

グループにメンバーを追加する

1 任意のグループのトークルームを表示し、画面右上の☰をタップします。

2 👥をタップします。

3 必要に応じて編集を行います。ここではメンバーを追加するので、[グループメンバー] →👤+の順にタップします。

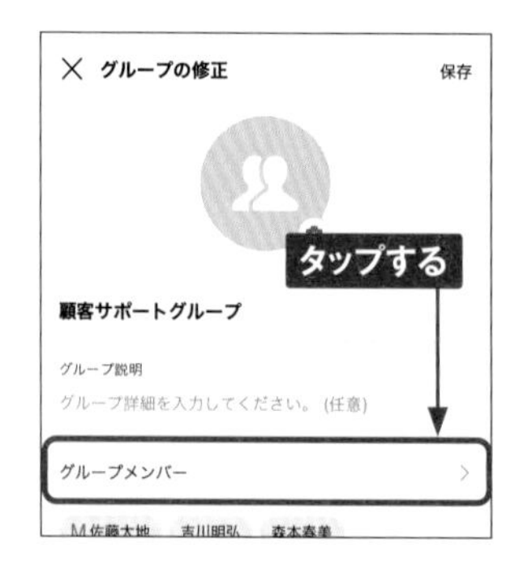

4 グループに追加したいメンバーの名前のチェックボックスをタップしてチェックを付け、[OK] →くの順にタップします。

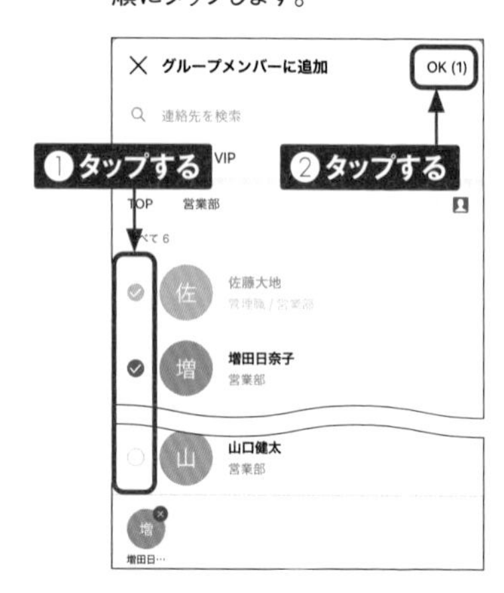

5 編集が完了したら、[保存] をタップします。

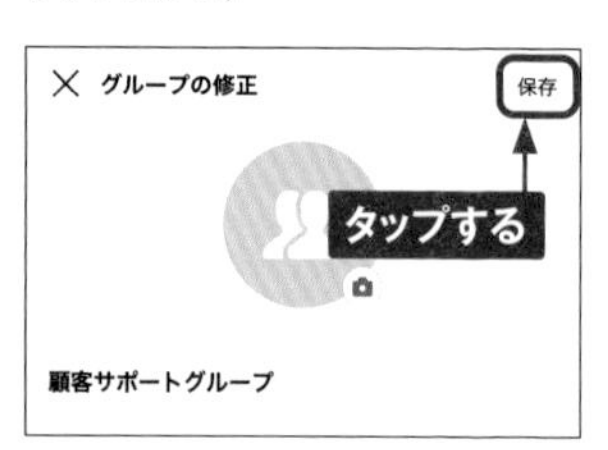

Memo アドレス帳からグループを編集する

アドレス帳からグループを編集する場合は、画面下部の [アドレス帳] をタップし、☰→ [グループ] →編集したいグループ→⋮→ [グループの修正] の順にタップします。

Section 73

予定やタスクを管理する

パソコンが手元にない場合でも、予定やタスクの確認・登録をしなければならないシーンは多々あります。予定を登録する際は、スマートフォンアプリ版ならではの機能として「位置情報」の登録も可能です。

地図を付けて予定を登録する

1 画面下部の［カレンダー］をタップし、●をタップします。

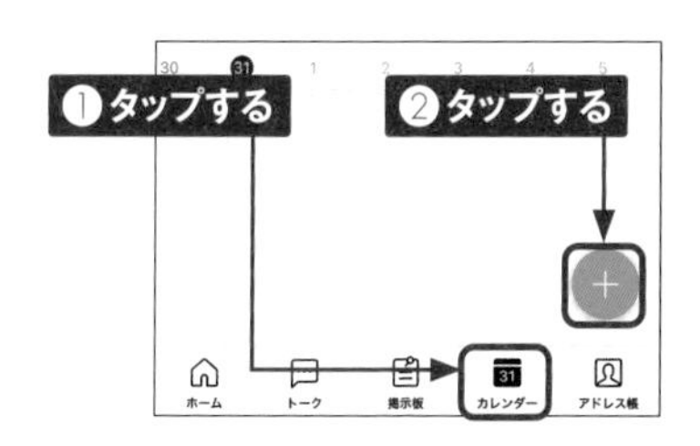

2 予定の「件名」「日時」など、必要な情報を入力・設定します。「場所」の◎をタップし、位置情報の利用を求める画面が表示された場合は許可します。

3 予定の場所をタップし、［地図を添付］をタップします。

4 地図が添付されます。続けて予定にメンバーを招待するために、［参加者］をタップします。

5 画面右上の‰をタップし、予定に招待したいメンバーのチェックボックスをタップしてチェックを付け、[OK] をタップします。

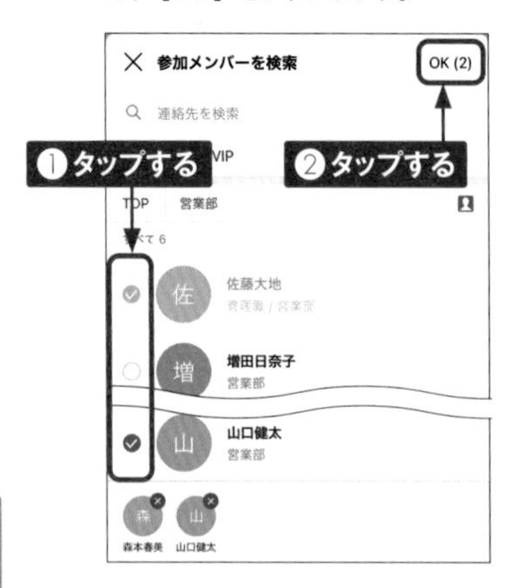

6 画面左上の＜をタップします。

7 そのほかの項目を入力・設定し、[保存] をタップします。

8 予定が追加されます。

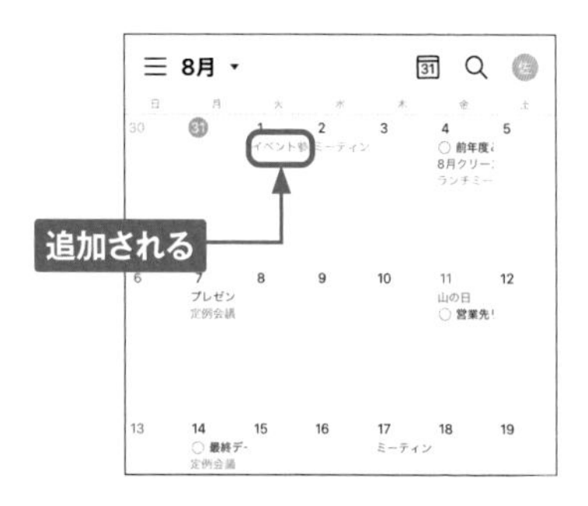

Memo 招待に回答する／参加状況を確認する

予定に招待されたメンバーは通知からカレンダーを確認し、[承諾] [未定] [辞退] のいずれかの回答をタップします。予定の作成者はカレンダーで登録した予定を2回タップし、[参加者] をタップすると、招待したメンバーの参加状況を確認できます。

第8章 スマートフォンでLINE WORKSを利用する

タスクを登録する／完了させる

① 画面下部の［ホーム］をタップし、［タスク］をタップします。

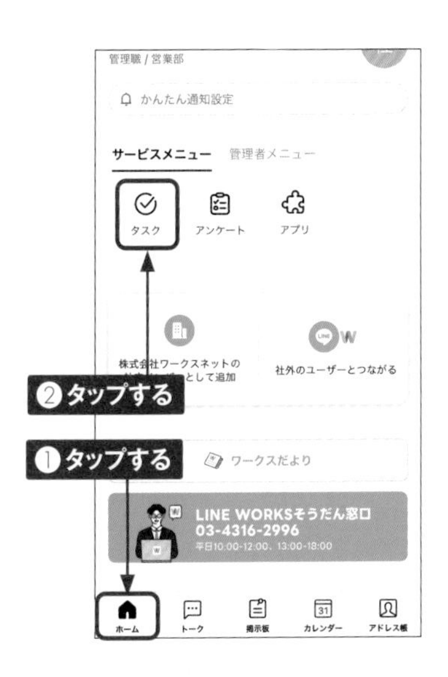

② ＋をタップします。

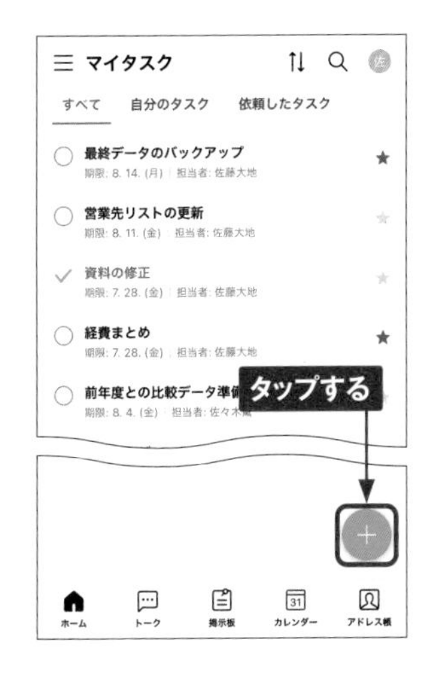

③ 「タスク内容」「期限」などを入力・設定し、画面右上の［保存］をタップします。

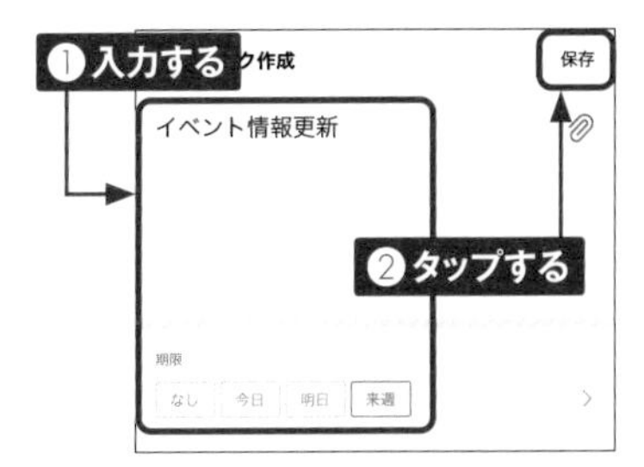

④ タスクが登録されます。タスクを完了する場合は、タスク名をタップします。

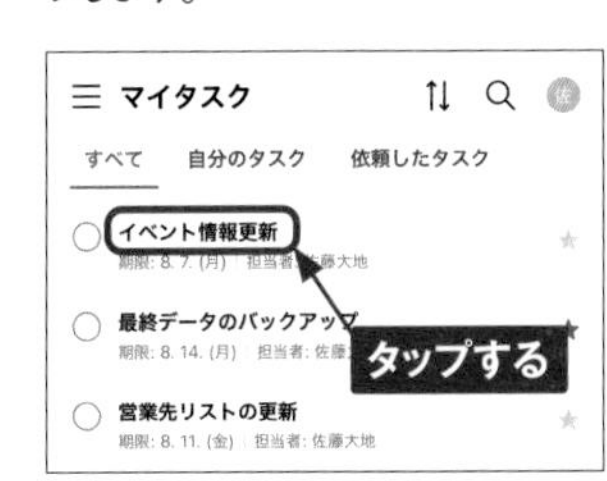

⑤ 詳細情報を表示させ、［完了にする］をタップすると、タスクが完了します。誤って完了にしてしまった場合などは、［進行中に変更］をタップすると、未完了のタスクに戻せます。

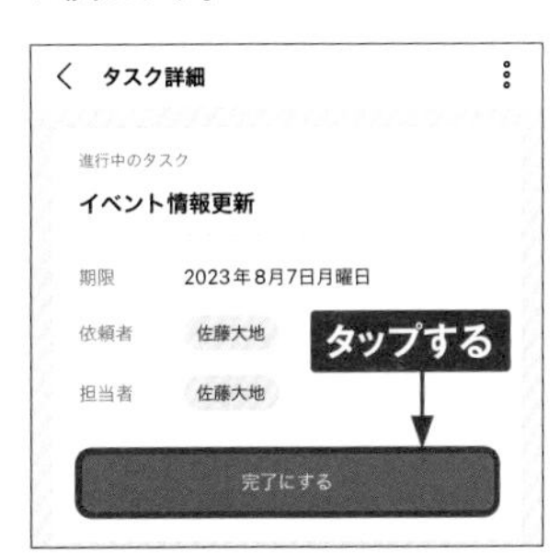

Section 74

各種設定を変更する

パソコンと違い、スマートフォンでは通知を受け取る頻度が多いと、業務に支障が出たりバッテリーを消耗したりしてしまいます。とくに通知設定は見直してカスタマイズするようにしましょう。

マイプロフィールを修正する

1 画面下部の［ホーム］をタップし、画面右上の⚙をタップします。

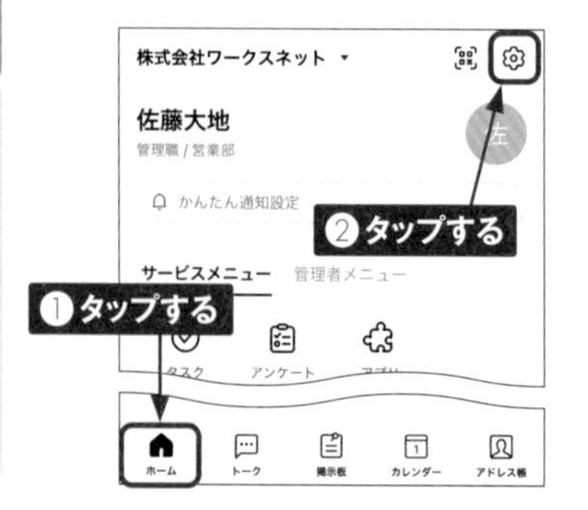

2 ［マイプロフィール］をタップします。

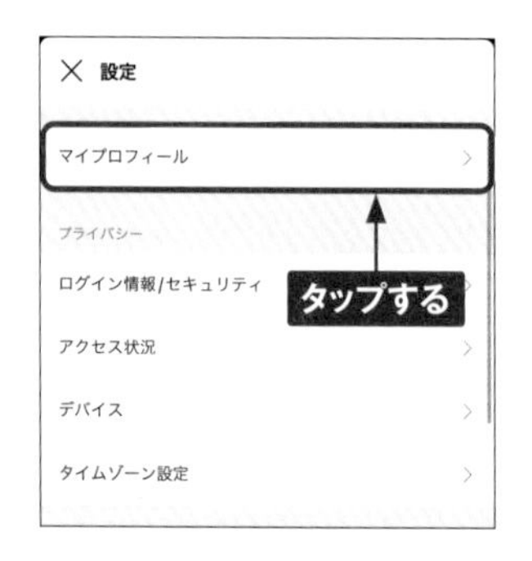

3 「マイプロフィール」画面では、マイプロフィールの設定のほかに、LINE用プロフィールの設定やオンライン名刺の発行などが可能です。ここでは画面右上の［修正］をタップします。

4 任意の項目を修正し、画面右上の［保存］をタップします。

通知の設定を変更する

1 画面下部の［ホーム］をタップし、画面右上の⚙をタップします。

2 「一般」から［通知設定］をタップします。

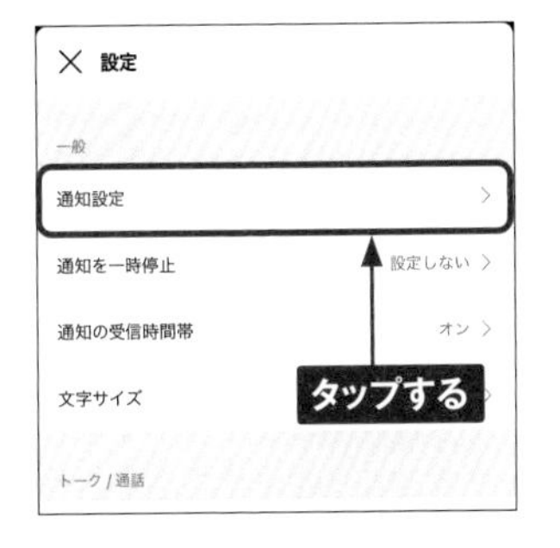

3 「通知を許可」の◯／◯をタップすると、すべての通知のオン／オフを切り替えられます。

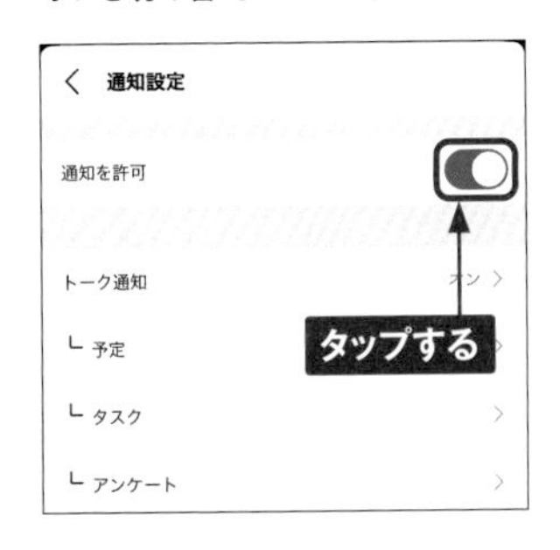

4 手順②の画面で［通知を一時停止］をタップし、任意の時間をタップすると、一時的に通知を止めることができます。

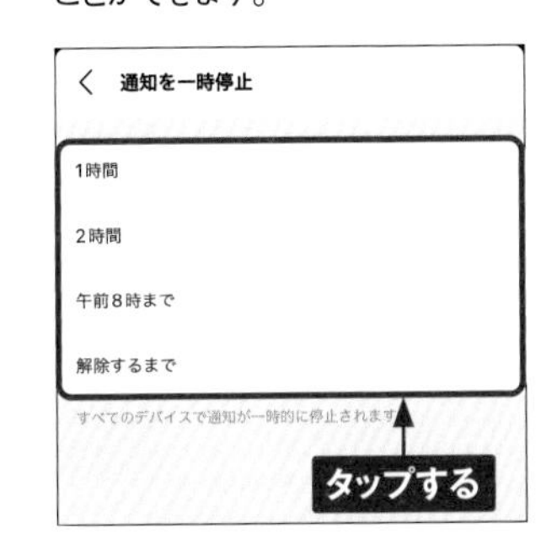

5 手順②の画面で［通知の受信時間帯］をタップし、「通知の受信時間帯」の◯をタップして◯にすると、通知を受け取る時間帯を設定できます。

Memo 各機能の通知を設定する

手順③の画面では、トーク、予定、タスク、アンケート、掲示板といった各機能の通知も設定できます。なお、「通知を一時停止」と「通知の受信時間帯」は、「ホーム」画面の「かんたん通知設定」からでも設定が可能です。

各機能の設定を変更する

●トークルームの設定を変更する

1 P.169手順①を参考に「設定」画面を表示し、[トークルーム] をタップします。

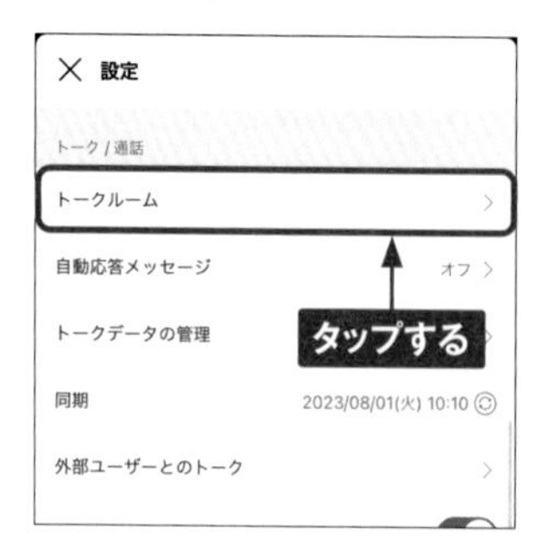

2 トークルームでの操作設定を変更できます。

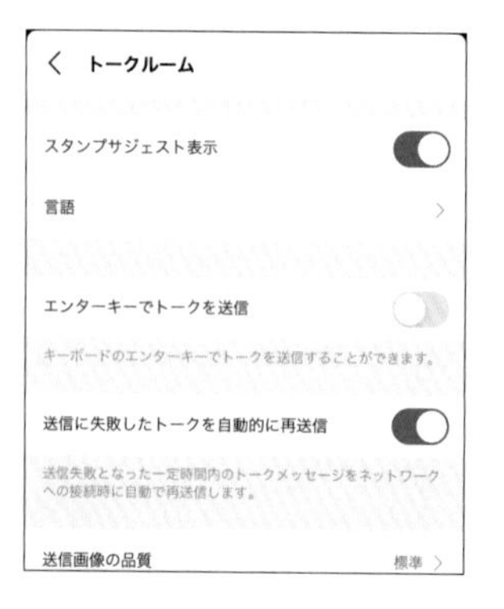

●カレンダーの設定を変更する

1 P.169手順①を参考に「設定」画面を表示し、[カレンダーリストの管理] をタップします。

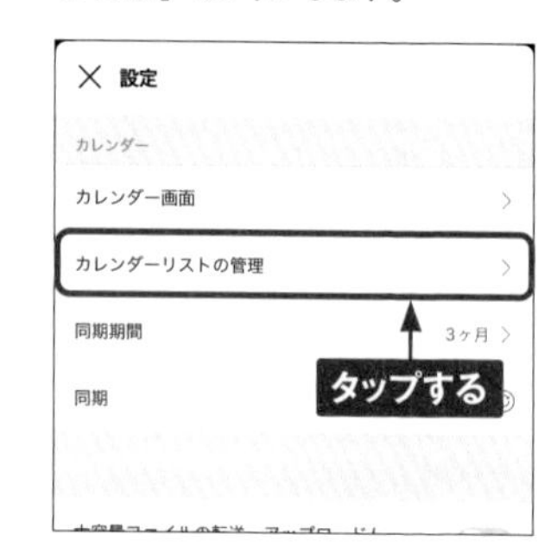

2 カレンダーの表示／非表示を切り替えたり、並べ替えをしたり、削除したりできます。

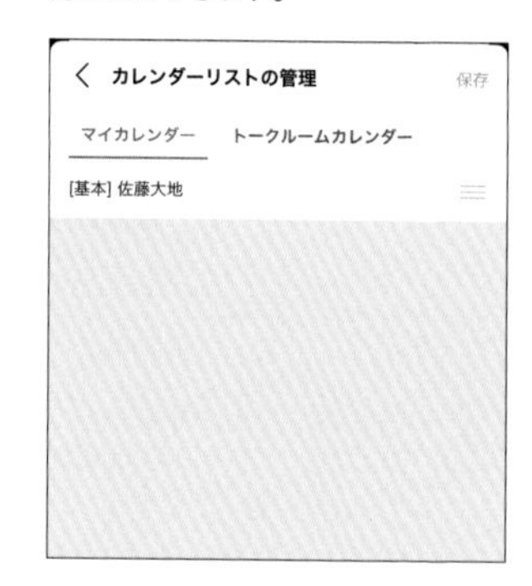

Memo 管理者設定を変更する

P.169手順①の画面で [管理者メニュー] → [管理者画面] の順にタップすると管理者画面が表示され、画面左上の☰をタップすると、「基本設定」「メンバー」「サービス」などの各種設定を行えます。なお、管理者権限のないユーザーの画面には、「管理者メニュー」は表示されません。

第9章

疑問・困った解決Q&A

Section 75

外部のLINE WORKSユーザーとやり取りするには?

「外部のLINE WORKSユーザー」とは、自分が所属する企業/団体と異なる企業/団体のLINE WORKSユーザーのことを指します。同じLINE WORKSユーザーなので、フリープラン、有料プランにかかわらずやり取りすることができます。

外部のLINE WORKSユーザーとやり取りする

1 「LINE WORKS」アプリで、画面左下の⚙をクリックし、[環境設定]をクリックします。

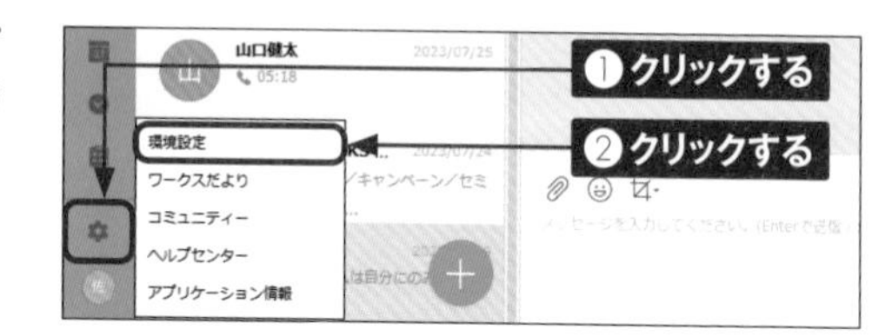

2 画面左のメニューから[外部ユーザーとのトーク]をクリックします。

3 「連絡先を追加する」から[トークID/携帯番号を検索]をクリックします。

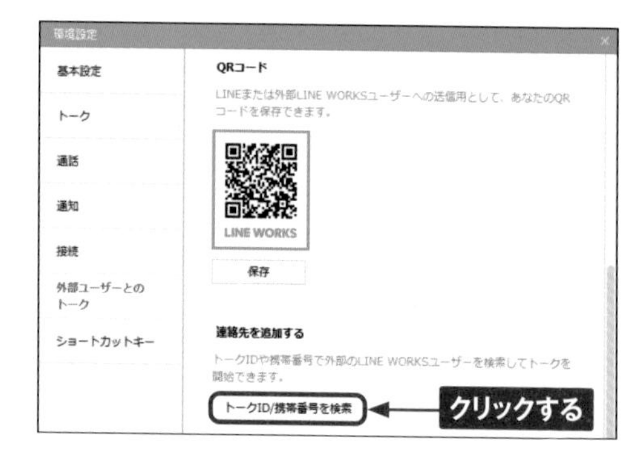

4 「トークID」または「携帯番号」のチェックボックスをクリックして検索方法を選択し、トークIDまたは電話番号を入力して検索します。

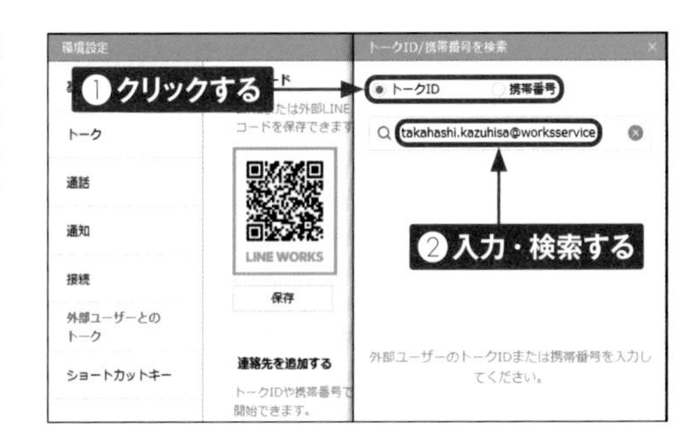

5 該当ユーザーが表示されるので、[トーク]をクリックします。

6 トークルームが立ち上がり、メッセージや音声・ビデオ通話などのやり取りができるようになります。アドレス帳に存在しないユーザーは右のようなメッセージが表示されるため、必要に応じて[連絡先を追加する]をクリックしましょう。

Memo LINE WORKSユーザーとLINEユーザーの見分け方

外部のLINE WORKSユーザーであれば名前の前にLINE WORKSのロゴが表示され、LINEユーザーであれば名前の前にLINEのロゴが表示されます。

高橋和久
株式会社ワークスサービス

高木秀尚

LINE WORKSユーザー　　LINEユーザー

Section 76

LINEユーザーとやり取りするには？

LINEは別のサービスのため、LINEユーザーをLINE WORKSから検索することはできません。LINE WORKSユーザーからLINEユーザーに対して「自分のトークID」や「招待用リンク」を共有して、「友だち追加」をする必要があります。

LINEユーザーとやり取りする

1. P.172手順③の画面で「自分のトークID」または「招待用リンク」をコピーし、SMSやメールなど、相手のLINEユーザーと共有します。

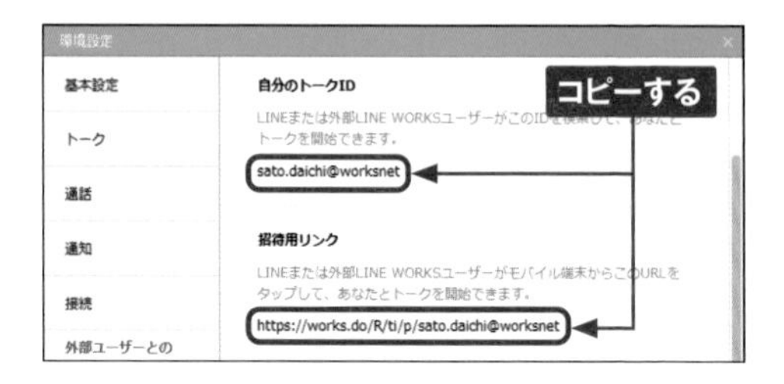

2. LINEユーザーにトークID検索または招待リンクから友だち追加してもらうと、メッセージや音声・ビデオ通話などのやり取りができるようになります（「LINE WORKS」アプリと「LINE」アプリでの通話は不可のため、外部とのミーティングリンクの作成が必要）。

Memo QRコードから友だち追加してもらう

LINEユーザーに自分のアカウントのQRコードを読み取ってもらうことでも、友だち追加ができます。手順①の画面で「招待用リンク」の下にあるQRコードの［保存］をクリックし、パソコンに保存されたQRコードの画像をLINEユーザーに共有して、友だち追加してもらいましょう。

Section 77

LINEユーザーに表示するプロフィールを設定したい!

LINE WORKSでは、LINE WORKSユーザーとは別に、LINEユーザー向けのプロフィールを設定することができます。なお、プロフィール写真、名前、ワークスグループ名はLINE WORKSで登録された情報が表示されます。

LINE用プロフィールを設定する

1 P.172手順②の画面で「LINEプロフィール情報」から［修正］をクリックします。

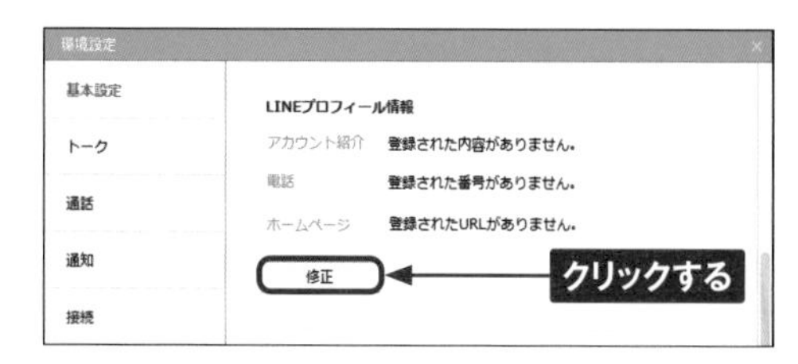

2 Webブラウザ版のLINE WORKSが起動し、「LINE用プロフィール」画面が表示されます。「アカウント紹介」「電話番号」「URL（3つまで）」の任意の項目を入力し、［保存］をクリックします。

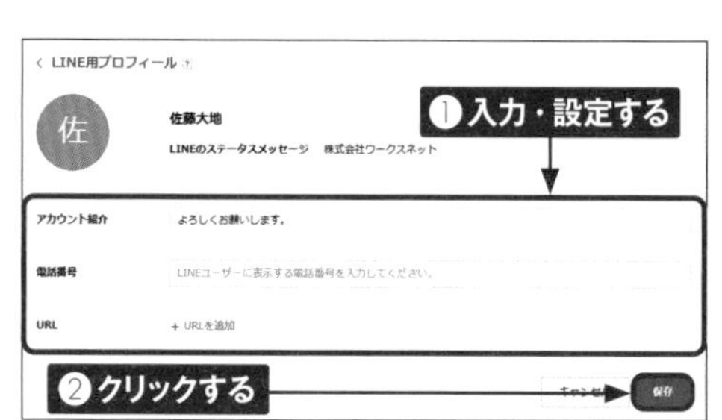

3 LINEユーザーから見た画面で、設定したプロフィールが表示されます。

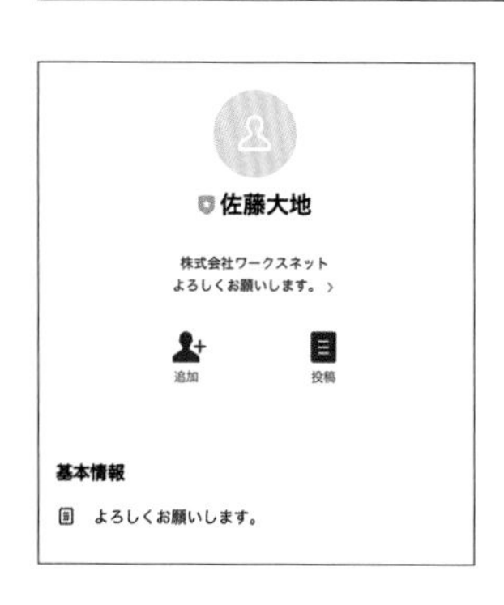

Section 78

自動応答メッセージを設定したい!

「自動応答メッセージ」機能を利用すると、指定した曜日や時間帯にトークを受信した際に、事前に設定したメッセージを自動で返信し、不在を知らせせることができます。なお、自動応答メッセージの設定は1対1のトークルームに限られます。

自動応答メッセージを設定する

① P.172手順②の画面で左のメニューから［トーク］をクリックします。

② 「自動応答メッセージ」から「社内への自動応答メッセージ」または「外部への自動応答メッセージ」のチェックボックスをクリックします。

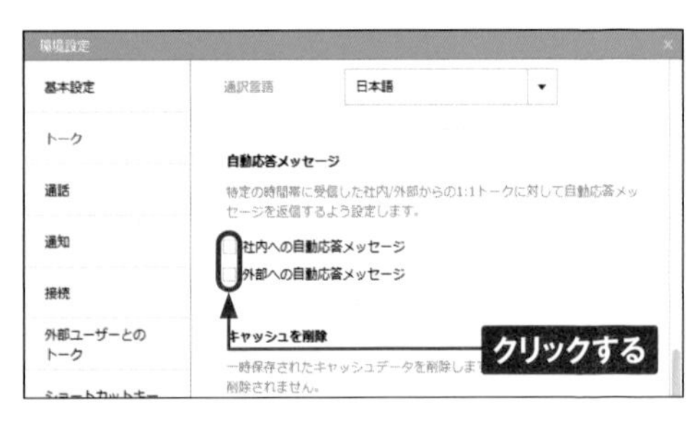

③ 「自動応答の時間帯」を設定します。応答時間を複数設定する場合は、［応答時間帯を追加］をクリックします。

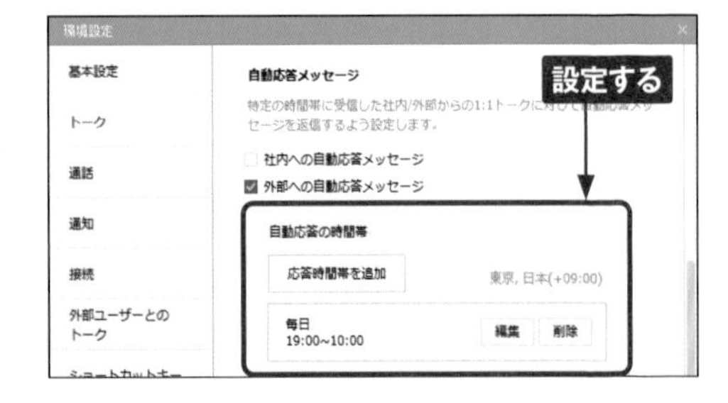

4 自動応答メッセージの内容を入力し、[適用する] をクリックします。

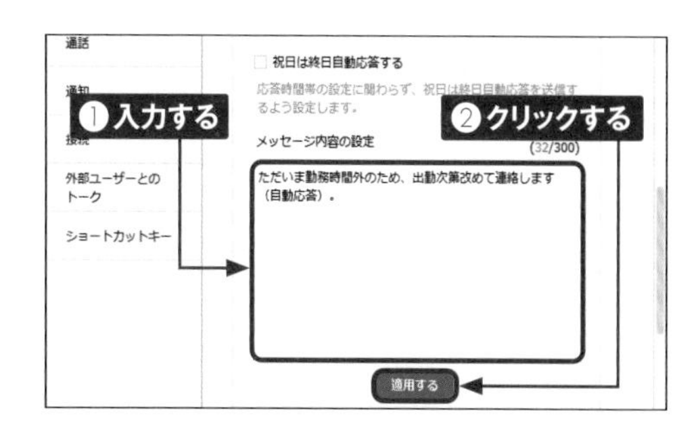

5 「自動応答メッセージが設定されました。」画面で [OK] をクリックし、画面右上の×をクリックして閉じます。

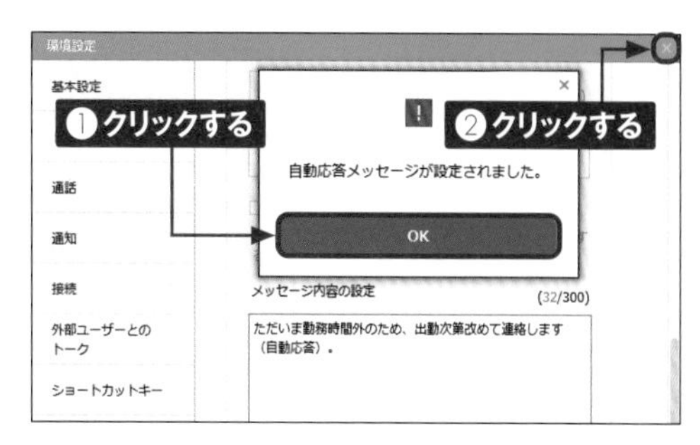

6 設定した時間帯にメッセージを受信すると、自動応答メッセージが送信されます。

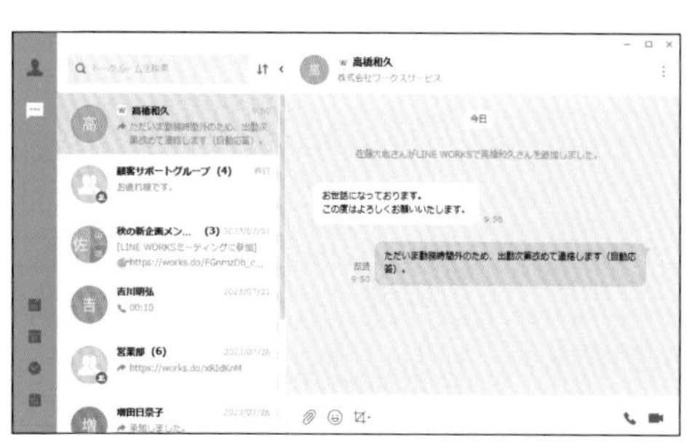

Memo **自動応答メッセージの詳細設定**

P.176手順③の画面で時間設定の際に「終日」を有効にすると、選択した曜日には24時間自動応答メッセージが送信されます。「祝日は終日自動応答する」を有効にすると、自動応答の時間帯に関係なく、祝日には24時間自動応答メッセージが送信されます。なお、自動応答メッセージを受け取った相手には、自動応答メッセージなのか実際に送信したメッセージなのかの区別ができないため、手順④でメッセージ内容に「(自動応答)」のように入力しておくことで、相手に配慮した設定となります。

Section 79

メニューによく使うボタンを配置したい!

有料プランでは、LINE WORKSに表示されるメニューの並べ替えや追加登録などを行えます。グループウェアとして使用するにあたり、リンク集のような「社内ポータル」として活用できるようになります。

表示されるメニューを設定する

① P.132手順①を参考に管理者画面を表示し、[基本設定] → [カスタマイズ] の順にクリックします。

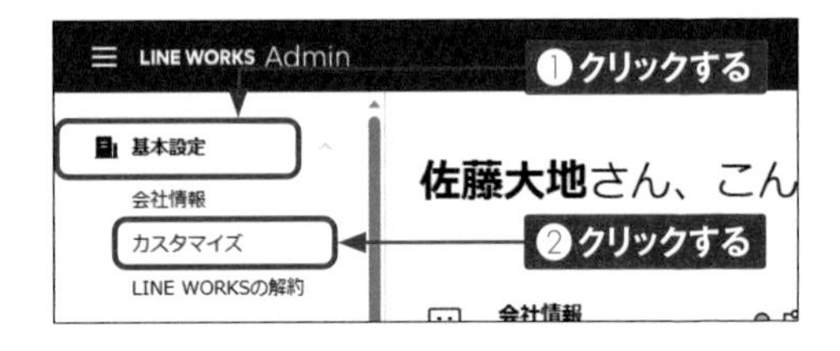

② [モバイル版] [ブラウザ版] [PC版アプリ] のそれぞれをクリックしてメニューを設定できます。たとえば「モバイル版」では、アプリを立ち上げた際に表示される「スプラッシュ画面」や、「その他」画面に表示されるアイコンメニューなどの設定が行えます。

③ 「ブラウザ版」では、メニューバーに表示されるアイコンメニューや会社ロゴなどの設定が行えます。また、実際に表示される様子をリアルタイムに確認しながらカスタマイズできます。

カスタマイズされたメニューの例

●Webブラウザ版

上がカスタマイズされていないメニューバー、下がカスタマイズされたメニューバーです。Webブラウザ版では、アイコンで3つのメニュー、テキストで3つのメニューを表示させることができます。

●スマートフォンアプリ版

左がカスタマイズされていない「ホーム」画面、右がカスタマイズされた「ホーム」画面です。最大10個のメニューを追加でき、アイコンをタップしてほかのアプリを開いたり、Webサイトに移動したりできます。

LINE WORKSのテーマカラーを変更する

P.178手順②の画面で［テーマ］をクリックすると、LINE WORKS画面上部のメニューバーやボタン、アイコンの色を設定することができます。なお、こちらの設定も有料プランのみの機能です。

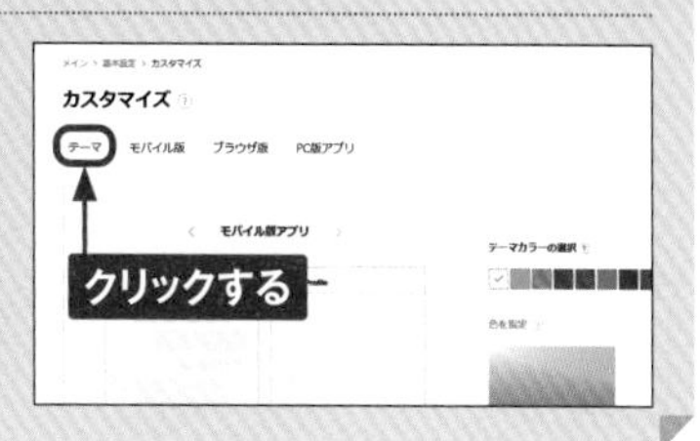

Section 80

トークルームが消えてしまった!

「トークルームがどこかに行ってしまった!」と焦ることがあるかもしれませんが、トークルームは意図的に削除しない限りは完全になくなりません。手違いで非表示にしてしまってないか、広告の影響ではないかなどを確認してみましょう。

トークルームを再表示させる

1 P.115の操作で誤ってトークルームを非表示にしてしまった場合、自分でほかの端末からメッセージを送信したり、相手のユーザーにメッセージを送信してもらうよう依頼したりしましょう。

2 メッセージを受信すると、手順①の画面で非表示になっていたトークルームが再表示されるようになります。

Memo フリープランではトークリストに広告が表示される

フリープランでは、Webブラウザ版のトークリストの上部に広告が表示されます。広告が表示される際はトークルームが1つずつ下にずれ、画面上トークルームの表示数が1つ減ったように見えることから、「トークルームが消えてしまった」と勘違いしてしまうことがあります。広告は×をクリックすると一時的に非表示にできるため、焦らず確認しましょう。

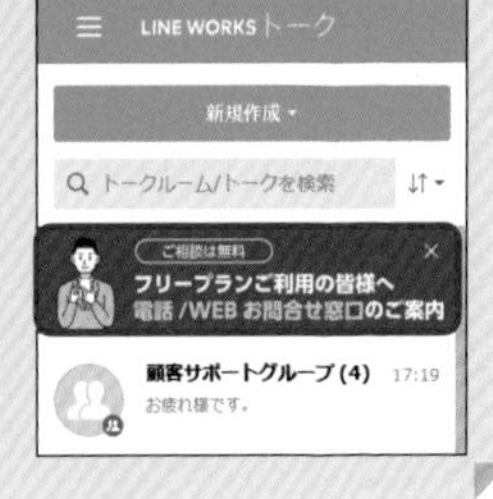

Section 81 管理者にトーク内容を見られるって本当?

LINE WORKSでは、トラブル時などに原因の発見と対策を打てるよう、管理者が全メンバーのログを閲覧して管理することができます。管理の方法は、大きく分けて「監査ログ」と「モニタリング」の2種類があります。

管理者が管理できるログ

LINE WORKSの管理方法には、各機能の操作や利用履歴などを確認できる「監査ログ」と、機能ごとにポリシーを作成してログを検出できる「モニタリング」の2つがありますが、ここでは主に「監査ログ」について説明します。
監査ログでは、メンバーのトーク内容のほか利用履歴も確認できるため、アプリを古いバージョンのまま使用している場合には、トークで更新を促すことができるほか、貸与端末以外にインストールして使用していることも把握できるようになっています。
また、どのメンバーがどのIPアドレスから接続し、どのような作業をしたのかもわかるようになっています。たとえばログインに連続で失敗している記録が残っていれば、何かトラブルが発生している可能性(第三者がアクセスしようとしているなど)にも気付くことができます。フリープランでは機能に制限がかかっているため、本格的にコンプライアンスの徹底を図るのであれば、有料プランにアップグレードすることが望ましいです。

	監査ログ	モニタリング(有料プランのみ)
目的	調査 (利用履歴確認)	監視 (不適切なトークやメールの早期検知)
概要	対象機能における、メンバーの操作履歴を検索可。ログイン、作成、編集、削除やアップロード/ダウンロードなど細かく確認できる	ポリシーを設定することで、不適切なメールをブロック可。トークは送受信のブロックはできないものの、検知してメールやトークでアラートの通知が可能
対象	掲示板、トーク、カレンダー、アドレス帳、タスク、アンケート、通話、メール※1、その他※2	メール送受信、トーク、Drive
その他	検索期間はフリープランが2週間、有料プランが180日。有料プランのみ、検索結果のダウンロードが可能	例外管理が可能 (除外メンバーの指定)

※1:アドバンストプランのみです。
※2:Drive、チーム/グループフォルダ、チーム/グループノート、画面共有、テンプレート、ログインなども対象となります。

監査ログを管理する

1 P.132手順①を参考に管理者画面を表示し、［監査］→［トーク］の順にクリックします。注意事項を確認し、チェックボックスをクリックしてチェックを付け、［OK］をクリックします。

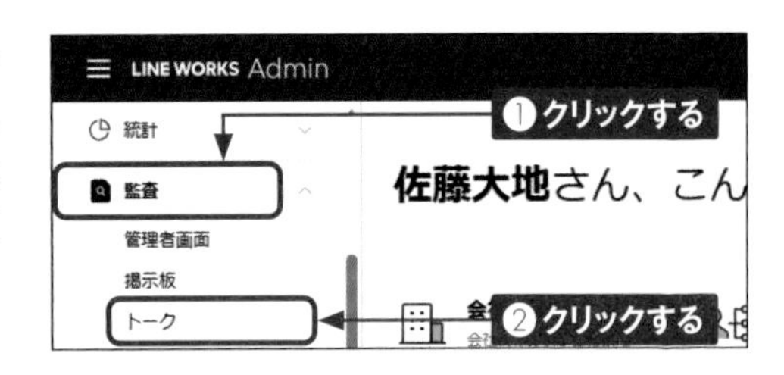

2 「監査」画面では、各機能ごと（ここではトーク）にログが確認できるようになっています。［ログを表示］をクリックすると、トークの送受信のログが表示されます。詳細を確認したいトークをクリックします。

3 「トーク情報」「受信者一覧」など、トークの詳細が表示されます。

Memo トーク公開の設定や期間

ログの対象期間を変更する場合は、手順②の画面で日付を設定します（フリープランで閲覧できる対象期間は最大2週間）。なお、トークはユーザーが削除したとしても監査ログには残ります。また、アカウントを削除したとしても、保存期間の間であれば監査ログも残ります。

モニタリングを管理する（有料プランのみ）

① P.132手順①を参考に管理者画面を表示し、［モニタリング］→［トーク］の順にクリックします。注意事項を確認し、チェックボックスをクリックしてチェックを付け、［OK］をクリックします。

② 「ポリシー管理」画面でモニタリングする条件を設定すると、検知内容が確認できます。「検知数」の数字をクリックします。

③ 検知する用語として設定された用語が使用されると、「具体的なトーク内容」「送信日時」「誰が誰にトークを送信したのか」「どのトークルームでの出来事か」といった検知履歴を確認できます。

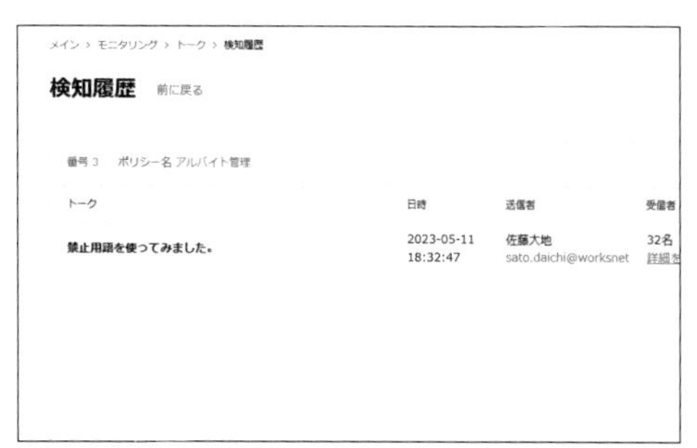

Memo ポリシーを追加する

「モニタリング」機能では、ポリシーを個別に作成（手順②の画面で［ポリシーの追加］をクリック）することで、不適切なトークやメールを検知できるようになります。設定できるポリシー数は、トークでは500個、メールでは送信／受信ともに500個ずつです。モニタリングの対象は「対メンバー」「対外部」が設定でき、さらにメッセージ内容や添付ファイルのフィルタリングが、具体的なキーワードで設定することで可能です。また、検知の通知はメールやトークで受け取ることができ、受け取る対象のユーザーをアドレス帳から選択できます。

Section
82 途中参加のメンバーに過去のトークを公開するには?

グループマスターは、グループに新しく追加されたメンバーに過去のメッセージのやり取りを公開するよう設定ができます。なお、設定後に招待されたメンバーにのみ適用され、設定前からトークルームにいるメンバーには適用されません。

過去のトークを公開する

1 過去のトークを公開したいトークルームを表示し、画面右上の ⋮ をクリックして、[過去のトークを公開]をクリックします。

2 「過去のトークを公開する」のチェックボックスをクリックしてチェックを付け、[OK]をクリックします。正常に処理が終わると、過去のトークが公開される設定になったことがトークルームに通知されます。

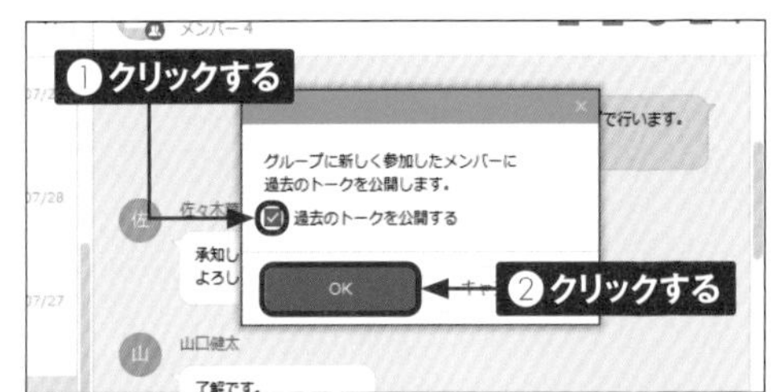

Memo トーク公開の設定や期間

公開設定を行えるのは、同じ企業/団体で構成されるトークルームのみです。LINEユーザーや外部のLINE WORKSユーザーがいるトークルームでは設定できません。また、過去のトークが閲覧できるようになる追加メンバーは、設定後にトークルームに追加されたメンバーのみです。トークルームを作成する段階で、過去のトークの取り扱いをあらかじめ決めたうえで作成するようにしましょう。なお、過去のトークとして遡ることができる公開期間は、管理者が設定する「保存期間」と同じです(管理者画面の[サービス]→[トーク]の「トーク/ファイル管理」から設定)。フリープランのトーク保存期間は3年のため、3年分のトークしか公開されません。

Section 83 スマートフォンを機種変更する場合はどうしたらよい？

スマートフォンを買い替える際に、気になるのはトークルームやアドレス帳などの引き継ぎです。LINE WORKSでは、機種変更時のバックアップなどの作業は必要なく、新しい端末で同じアカウントにログインすることでデータを引き継げます。

機種変更後も同じアカウントのデータを引き継げる

スマートフォンを機種変更する際、LINEの場合はトークのバックアップや引き継ぎの作業が必要となりますが、LINE WORKSのデータはLINE WORKS IDに紐付いてサーバーに保存されているため、特別な作業は不要です。新しいスマートフォンで「LINE WORKS」アプリにログインしましょう。「LINE WORKS」アプリへのログイン方法は、P.152を参照してください。

●機種変更の際の流れ

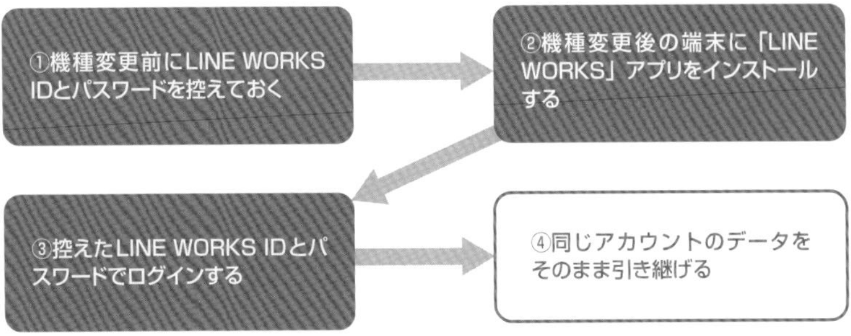

①機種変更前にLINE WORKS IDとパスワードを控えておく → ②機種変更後の端末に「LINE WORKS」アプリをインストールする → ③控えたLINE WORKS IDとパスワードでログインする → ④同じアカウントのデータをそのまま引き継げる

Memo LINE WORKS IDがわからない場合

自分のLINE WORKS IDは、「外部ユーザーとのトーク」から確認できます（P.172参照）。事前の控えを忘れてLINE WORKS IDがわからなくなってしまった場合は、管理者に確認を取りましょう。なお、パスワードを忘れてしまった場合は再設定が必要です（P.186～187参照）。

Section 84

パスワードを忘れた場合は?

「LINE WORKS」アプリを立ち上げた際にログアウト状態になっていたときは、改めてLINE WORKS IDとパスワードを入力してログインする必要があります。パスワードを忘れてしまった場合は、アカウント情報を入力して再設定しましょう。

パスワードを再設定する

1 「LINE WORKS」アプリを起動し、[ID・パスワードの確認]をクリックします。

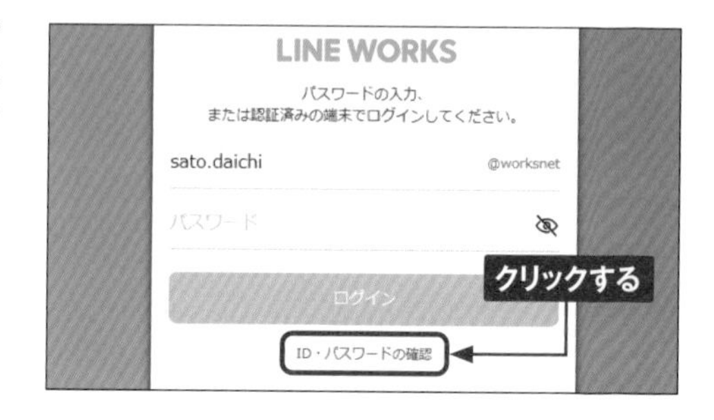

2 パスワードの通知方法を選択します。「携帯番号で確認」または「個人メールで確認」のチェックボックスをクリックし、チェックを付けます。

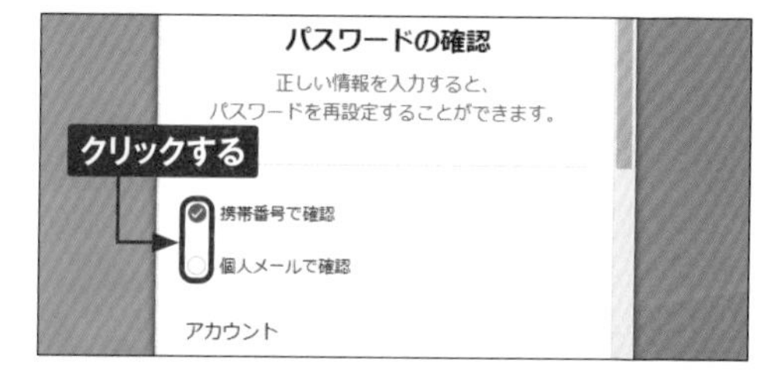

3 LINE WORKSで登録していたアカウント(LINE WORKS ID)とメールアドレス(または電話番号)を入力し、[認証番号の送信]をクリックします。

4 確認メッセージが表示されるので、[OK] をクリックして画面を閉じます。

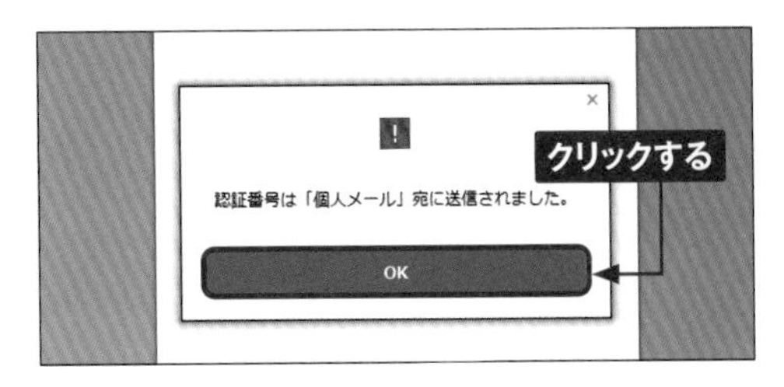

5 P.186手順③で入力したメールアドレス（または電話番号）に届いた認証番号を入力し、[確認] をクリックします。

6 新しく設定したいパスワードを2回入力し、[変更する] をクリックすると、パスワードの変更が完了します。なお、再設定後はログイン中のすべての端末からログアウトされるため、新しいパスワードで再ログインする必要があります。

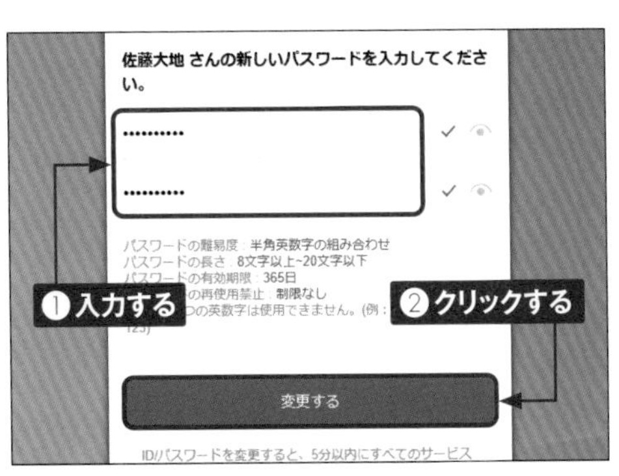

Memo パスワードを再設定する際の注意

パスワードがわからなくなってしまった場合、管理者に連絡して仮パスワードを発行してもらう方法がもっともかんたんです。しかし、常に管理者が対応できるわけではないため、できる限りここで説明している方法で再設定を行いましょう。P.186手順③で入力する情報は、LINE WORKSのプロフィールで設定されているものです。異なる情報を入力しても「情報が一致するユーザーが見つかりませんでした」と表示され、認証番号を送信することができません。万一に備えて、正しい設定情報を覚えておきましょう。

Section 85

公式マニュアルや活用方法などの情報を知りたい!

LINE WORKSには、公式マニュアルの「ヘルプセンター」や、ユーザー同士で問題を解決できる「コミュニティー」が用意されています。基本的な使い方だけでなく、業務の生産性を高める活用方法も掲載されているので、チェックしてみましょう。

ヘルプセンターを利用する

1 LINE WORKSのマニュアルは、Webから閲覧できるようになっています。「LINE WORKS」アプリで、画面左下の⚙をクリックし、[ヘルプセンター]をクリックします。

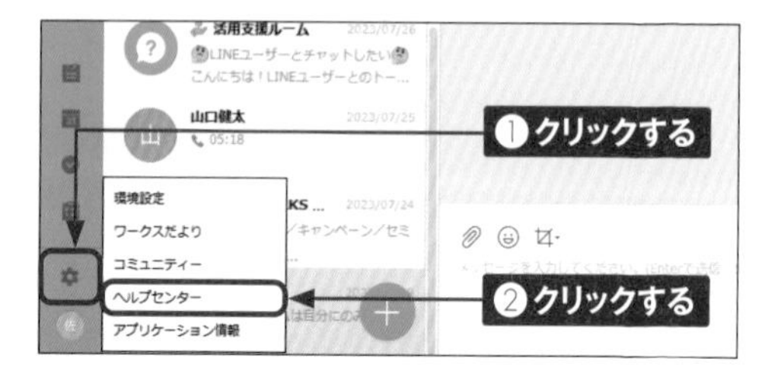

2 Webブラウザが起動し、ヘルプセンターが表示されます。キーワード検索や「よくある質問」から、知りたいことを調べることができます。

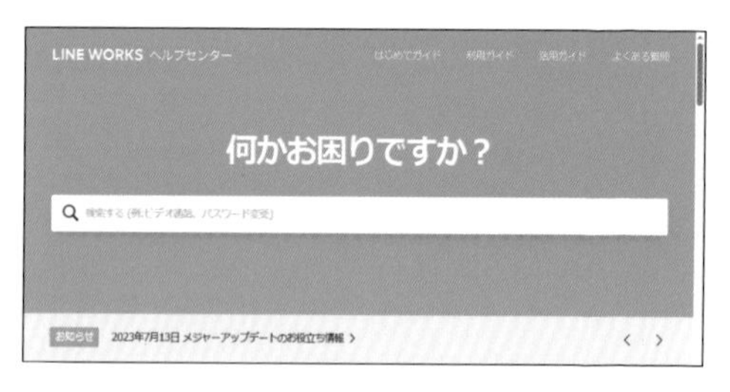

3 手順②の画面をスクロールすると、LINE WORKSの機能ごとに使い方がまとめられています。任意のサービス名をクリックして確認してみましょう。

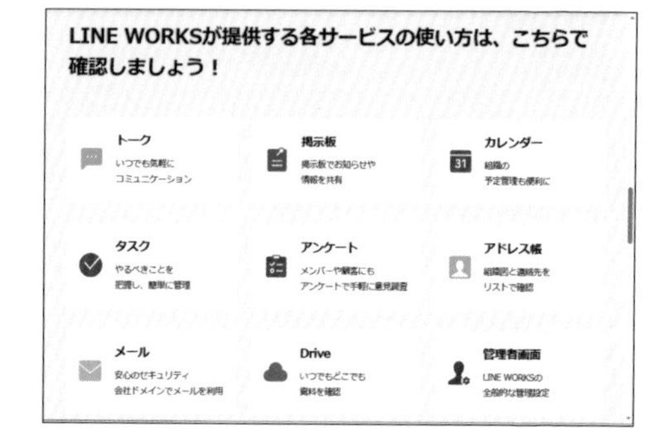

コミュニティーを利用する

1 「LINE WORKS」アプリで、画面左下の⚙をクリックし、[コミュニティー]をクリックします。

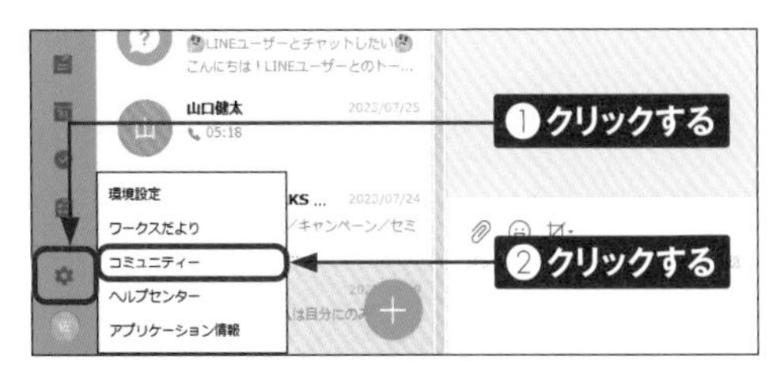

2 Webブラウザが起動し、コミュニティーが表示されます。ここでは、実際に利用しているユーザーの活用方法を見ることができます。自分で活用方法や質問を投稿する場合は、[投稿を作成]をクリックします。

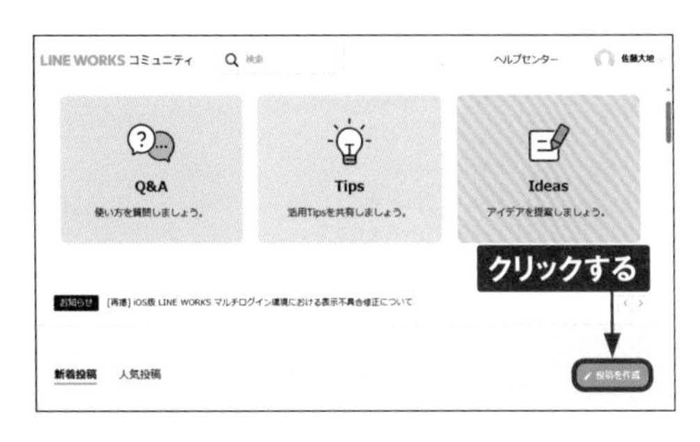

3 「掲示板」と「カテゴリー」を設定し、「タイトル」と投稿内容を入力したら、[保存]をクリックして投稿します。

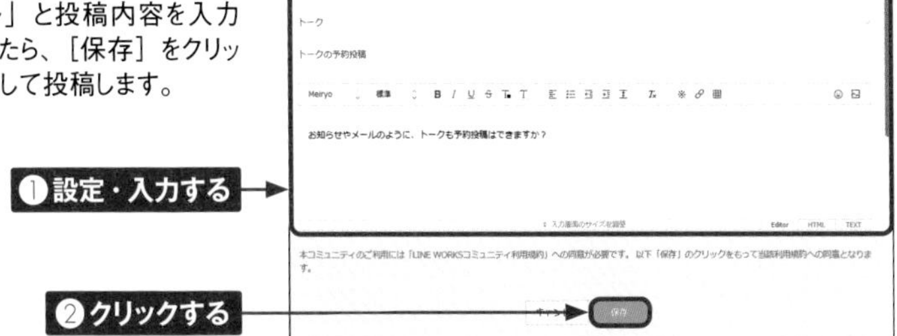

Memo カスタマーサポートに直接問い合わせる

ヘルプセンターやコミュニティーで問題が解決しない場合は、「ヘルプセンター」画面最下部の[問い合わせ]をクリックして、LINE WORKSのカスタマーサポートに問い合わせましょう。フリープランの場合は開設後30日間、有料プランの場合は期間の制限なくサポートを受けることができます。

第9章 疑問・困った解決Q&A

索引

アルファベット

あ行

か行

さ行

た行

な・は行

ま行

や・ら・わ行

お問い合わせについて

本書に関するご質問については、本書に記載されている内容に関するもののみとさせていただきます。本書の内容と関係のないご質問につきましては、一切お答えできませんので、あらかじめご了承ください。また、電話でのご質問は受け付けておりませんので、必ずFAXか書面にて下記までお送りください。
なお、ご質問の際には、必ず以下の項目を明記していただきますようお願いいたします。

1 お名前
2 返信先の住所またはFAX番号
3 書名
（ゼロからはじめる　LINE WORKS　基本＆便利技）
4 本書の該当ページ
5 ご使用のパソコンのOS
6 ご質問内容

なお、お送りいただいたご質問には、できる限り迅速にお答えできるよう努力いたしておりますが、場合によってはお答えするまでに時間がかかることがあります。また、回答の期日をご指定なさっても、ご希望にお応えできるとは限りません。あらかじめご了承くださいますよう、お願いいたします。ご質問の際に記載いただきました個人情報は、回答後速やかに破棄させていただきます。

お問い合わせ先

〒162-0846
東京都新宿区市谷左内町21-13
株式会社技術評論社　書籍編集部
「ゼロからはじめる　LINE WORKS　基本＆便利技」質問係
FAX番号　03-3513-6167
URL：https://book.gihyo.jp/116/

監修

IoTマーケティング株式会社

オフィスのIoT導入、運用支援等、様々なサービスを提案。年間16万件のサポート実績を活かし、企業の課題解決のコンサルティングから機器選定、企業課題を解決するクラウドアプリケーションを提供している。LINE WORKSにおいてはSaaSソリューション専門部隊によりサービスの紹介、導入支援、導入後のサポートまでワンストップでの対応を実現している。

https://iotmarketing.jp/

ゼロからはじめる　LINE WORKS　基本＆便利技

2023年10月14日　初版　第1刷発行

監修……IoTマーケティング株式会社
著者……リンクアップ
発行者……片岡　巌
発行所……株式会社　技術評論社
東京都新宿区市谷左内町21-13
電話……03-3513-6150　販売促進部
03-3513-6160　書籍編集部
編集……田中　秀春
装丁……菊池　祐（ライラック）
本文デザイン・DTP……リンクアップ
写真……写真AC
製本／印刷……図書印刷株式会社

定価はカバーに表示してあります。

ISBN978-4-297-13737-3 C3055

Printed in Japan